第2章 勤民楼-建筑外观表现技术

第3章 蘑菇-次表面散射材质表现技术

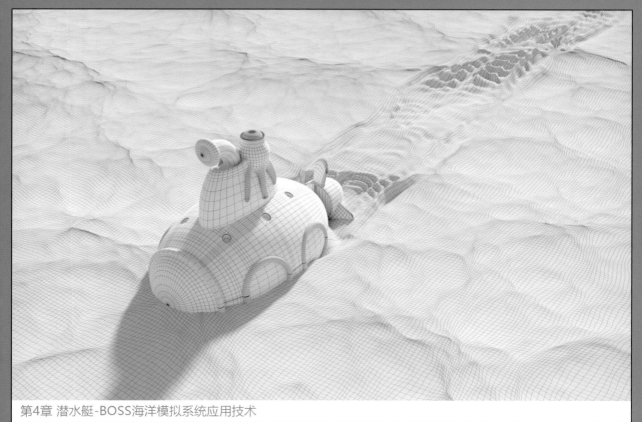

第7章 阳光卧室-日景灯光表现技术

第8章 林中小屋-体积光表现技术

第9章 重庆大礼堂-雾天效果表现

平面设计与制作

突破平面 **Maya**

灯光材质渲染剖析

来阳 / 编著

清华大学出版社

北京

内 容 简 介

　　本书是一本主讲如何使用中文版Maya 2018软件进行三维动画场景制作的技术书籍。全书共分为10章，在章节的结构设计上，遵循"由简至难，循序渐进"的原则。本书结构清晰、案例典型、通俗易懂，内容涉及云层、海洋、雾效、光影、卡通等特效的制作，各章节均添加了相对应的技术专题内容，详细阐述了案例的制作原理及操作步骤，注重提升读者的软件实际操作能力。

　　本书适合具有一定Maya软件操作基础，想使用Maya来进行三维动画场景制作的读者，也适用于高等院校动画相关专业的学生。

图书在版编目(CIP)数据

突破平面 Maya 灯光材质渲染剖析 / 来阳编著 . —北京：清华大学出版社，2020.5（2021.12重印）
（平面设计与制作）
ISBN 978-7-302-54465-4

Ⅰ．①突…　Ⅱ．①来…　Ⅲ．①三维动画软件　Ⅳ．① TP391.414

中国版本图书馆 CIP 数据核字（2019）第 265429 号

责任编辑：陈绿春
封面设计：潘国文
版式设计：方加青
责任校对：徐俊伟
责任印制：沈　露

出版发行：清华大学出版社
　　　　　网　　　址：http://www.tup.com.cn，http://www.wqbook.com
　　　　　地　　　址：北京清华大学学研大厦 A 座　　　　　邮　　编：100084
　　　　　社 总 机：010-62770175　　　　　　　　　　　邮　　购：010-83470235
　　　　　投稿与读者服务：010-62776969，c-service@tup.tsinghua.edu.cn
　　　　　质 量 反 馈：010-62772015，zhiliang@tup.tsinghua.edu.cn
印 装 者：三河市铭诚印务有限公司
经　　销：全国新华书店
开　　本：188mm×260mm　　　印　　张：13.75　　　插　　页：4　　　字　　数：396 千字
版　　次：2020 年 6 月第 1 版　　印　　次：2021 年 12 月第 3 次印刷
定　　价：79.00 元

产品编号：082955-01

如今，市面上有关Maya软件的技术书籍种类繁多，但是详细讲解三维动画场景制作的图书却不多。为了填补这方面的空缺，我将平时工作中所接触到的项目，以及掌握的三维场景制作技术融入本书，以飨读者。希望读者通过阅读本书，熟悉这一行业对一线项目制作人员的技术要求，并掌握解决这些技术问题所采取的应对措施。

下面介绍一下本书的章节构成。

第1章主要讲解了有关渲染技术的基础理论知识，让读者对自己想要学习的内容有一个了解的过程。

第2章的案例为黄昏效果的伪满时期建筑表现，主要讲解了实景建筑表现的制作思路及技巧，重点剖析了"噪波"渲染节点和aiPhysicalSky渲染节点中的参数命令。

第3章的案例为一个以蘑菇为主题的梦幻卡通风格动画场景表现，重点讲解了次表面散射材质，以及景深渲染效果的制作技术。

第4章的案例为玩具潜水艇在海面上航行的动画场景，重点讲解了BOSS海洋模拟系统在实际动画场景中的应用技术。

第5章的案例为一个云层特写的三维场景表现，重点讲解了3D流体容器的使用方法。

第6章的案例为一个黄昏时分的简约客厅场景表现，重点讲解了室内人工灯光的设置技巧，以及如何渲染线框效果图。

第7章的案例为一个卧室的日景表现，重点讲解了常见的室内材质及日景灯光设置技巧。

第8章的案例为一个带有体积光效果的室外场景案例，重点讲解了体积光的参数设置。

第9章的案例为重庆市地标建筑重庆市人民大礼堂的建筑表现，重点讲解了雾气效果的制作技巧。

第10章的案例为扁平化风格的卡通地球场景，重点讲解了MASH对象的使用方法及动画制作思路。

　　写作是一件快乐的事情。

　　在本书的出版过程中，清华大学出版社的编辑老师为图书的出版做了很多工作，在此表示诚挚的感谢。

　　由于作者的技术能力有限，书中难免存在不足之处，敬请读者海涵雅正。

　　本书的工程文件和视频教学文件请扫描下面的二维码进行下载。如果在下载过程中碰到问题，请联系陈老师，联系邮箱：chenlch@tup.tsinghua.edu.cn。

工程文件

视频教学

来阳

2020年3月

第9章　重庆大礼堂——雾天效果表现

第10章　卡通地球——扁平化风格场景表现技术

什么是"渲染"？从其英文"Render"上来说，可以翻译为"着色"。从其在整个项目流程中的环节来说，可以理解为"出图"。渲染真的就仅仅是在所有三维项目制作完成后，鼠标单击"渲染当前帧"按钮的那一次最后操作吗？很显然不是。模拟三维环境的多数视觉特征均是在渲染处理期间确定的，渲染技术与灯光、摄影机和材质的设置息息相关。通常我们在工作中所说的渲染，指的是为场景中的模型设置材质、灯光、摄影机角度等一系列的工作流程，并在"渲染设置"面板中通过调整参数来控制最终图像的计算采样和渲染时间，让计算机在一个合理时间内计算出令人满意的图像。在深入学习材质、灯光及渲染设置之前，我们首先应该熟悉一下我们所使用的三维软件和一些涉及光影和色彩的理论知识。

1.1　Maya 概述

随着科技的更新和时代的进步，计算机应用已经渗透至各个行业中，它们无处不在，俨然已经成为了人们工作和生活中无法取代的重要电子产品。多种多样的软件技术配合不断更新换代的计算机硬件，使得越来越多的可视化数字媒体产品飞速地融入到人们的生活中来。越来越多的艺术专业人员也开始使用数字技术来进行工作，诸如绘画、雕塑、摄影等传统艺术学科，也都开始与数字技术融会贯通，形成了一个全新的学科交叉的创意环境。

Autodesk Maya是美国Autodesk公司出品的专业三维动画软件，也是国内应用最广泛的专业三维动画软件之一，旨在为广大三维动画师提供功能丰富、强大的动画工具来制作优秀的动画作品。通过对Maya的多种动画工具组合使用，会使得场景看起来更加生动，角色看起来更加真实，其内置的动力学技术模块则可以为场景中的对象进行逼真而细腻的动力学动画计算，从而为三维动画师节省大量的工作步骤及时间，极大地提高动画的精准程度。Maya软件在动画制作业界声名显赫，是电影级别的高端制作软件。尽管Maya软件售价不菲，但是由于其强大的动画制作功能和友好便于操作的工作方式，仍然使其得到了诸多公司及艺术家的高度青睐。如图1-1所示为Maya 2018的启动界面。

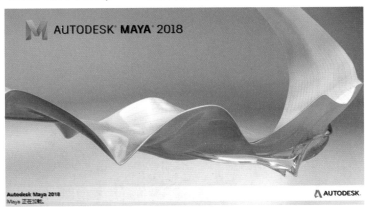

图1-1

Maya 2018为用户提供多种类型的建模方式，配合自身强大的渲染器，可以轻松制作出极为真实的单帧画面及影视作品。下面我们介绍一下该软件的主要应用领域。

1.2　Maya 2018的应用范围

　　计算机图形技术始于20世纪50年代早期，最初主要应用于军事作战、计算机辅助设计与制造等专业领域，而非现在的艺术设计领域。在20世纪90年代后，计算机应用技术开始变得成熟，随着计算机价格的下降，使得图形图像技术开始被越来越多的视觉艺术专业人员所关注、学习。Maya 1.0软件于1998年2月由Alias公司正式发布，到了2005年，Alias公司被Autodesk公司收购，Maya软件的全称也随之更名为Autodesk Maya。

　　作为Autodesk公司生产的旗舰级别动画软件，Maya可以为从事建筑、室内空间设计、风景园林、工业产品设计、电影特效等行业的设计人员提供一套全面的三维建模、动画、渲染以及合成的解决方案，应用领域非常广泛。

1.2.1　建筑

　　建筑作为人类历史悠久文化的一部分，充分体现了人类对自然的认识、思考及改变。通过对不同时代、不同地区的建筑进行研究，可以看出人类文明的发展，及当时、当地社会经济形态的演变，并对今后的建筑设计表现产生重要影响。使用Autodesk公司的Maya产品，使得建筑的设计表现不再仅仅局限于纸上的一个视角，而是全方位地以任何角度将设计师的意图充分展现出来，配合软件的材质及光影计算，渲染出来的逼真画面可以给人以身临其境般的视觉享受，如图1-2所示。

图1-2

1.2.2　室内空间设计

　　随着经济的迅速发展和人们对自身居住空间环境的逐渐认知，越来越多的人开始追求居住及工作环境的美感和舒适度，所以室内空间设计这一学科越来越受到人们的重视。室内空间设计可根据场地的用途、大小等因素，分为家装设计、展厅设计、办公空间设计等，如图1-3所示。

图1-3

1.2.3 风景园林

园林的历史可以追溯到人类出现的时期。长久以来，人类一直在不断地尝试改变自身的居住环境，以适应自己的世界观和审美观。随着生态保护意识的不断加强，风景园林这一学科被人们越来越重视起来。风景园林不仅具有美学价值，还具有防尘、保湿、改变空间的空气质量，及改善地区气候等生态价值，所以，人们在设计地表建筑物时，会将周围的风景园林景观一并规划出来。借助于Maya这一三维软件表现平台，使得人们在土地开发时，可以非常宏观地预览到未来的环境景象，如图1-4所示。

图1-4

1.2.4 工业产品设计

使用Maya可以用非常真实的画面质感表现出工业产品设计的最终结果，如汽车设计、手表设计、饰品设计、家居用品设计等，使得设计师们不再需要看到产品的最终形态才能感知自己的得意之作，如图1-5所示。

图1-5

1.2.5 电影特效

在三维影像技术发展成熟的今天，电影特技效果越来越逼真，使得很多影片的拍摄都会使用到大量的特效来完成制作。比如在大街上拍摄一段剧情，那么可能需要封路来完成拍摄，封路不仅会影响到城市中正常的交通，也为影片增加了拍摄成本，而用Maya制作出的三维街景，则可以在不影响人们正常生活的情况下完成影片镜头的制作。另外，使用Maya软件还可以制作出非常真实的虚拟角色，如图1-6所示。

图1-6

1.3 CG静帧表现中的色彩运用

　　CG静帧通常指使用二维动画软件或三维动画软件所制作出来的静态图像，CG静帧是计算机数字技术与传统艺术相结合的产物，在表现形式上既可以表现为二维手绘风格，也可以表现为超写实的三维动画风格。但是单纯根据CG静帧图像的画面效果，有时很难分辨出该图像是使用何种软件制作出来的。以三维动画软件为例，不但可以制作二维的CG静帧表现效果，也可以制作三维的CG静帧表现效果，图1-7所示为使用三维软件制作的二维表现效果的日本动画短片《越狱兔》中的静帧图像，图1-8所示为使用三维软件制作的照片级三维表现效果的CG静帧图像。

图1-7　　　　　　　　　　　　　　　　　　　　图1-8

1.3.1 色彩概述

　　色彩是能够引起人们共鸣的、审美愉悦的、最为敏感的形式要素，以视觉的方式影响人们的情感。色彩可以简单分为无彩色系和有彩色系。其中，有彩色系包含色相、纯度和明度这三个基本特征。无彩色系则由白色、黑色和灰色所组成。无彩色系的颜色只有一种基本性质——明度。它们不具备色相和纯度的性质，也就是说它们的色相与纯度在理论上都等于零。

　　自然界中的物体颜色在很大程度上受其自身表面肌理和物理属性的影响而给人以不同的视觉效果，比如相同颜色的玻璃、布料和玉石给人的视觉差异是很大的。同时，物体的表面色还跟环境有着很大的关系，比如同样的建筑在清晨、黄昏及夜晚霓虹灯的照射下，其自身的颜色与周围的环境光有机融合，会给人以色彩缤纷的视觉体验。

1.3.2　色彩运用

　　读者可以通过下面几张图像的用色，来理解色彩运用在CG静帧作品中的重要性。

　　色彩的冷暖对比在夜景中的效果表现如图1-9所示。

图1-9

　　不同包系的效果表现如图1-10所示。

图1-10

　　明快的色彩较易带给人心情愉悦的感受，如图1-11所示。

图1-11

有彩色系与无彩色系的CG静帧画面对比如图1-12所示。

图1-12

1.4 CG静帧表现中的光线运用

1.4.1 光线概述

光线无处不在，人们对于光线的习惯性使得很少有人去真正地对它进行思考。在日常生活中，光线的强弱严重影响人们的休息、工作、心情以及人们感知事物的方式。光线遵循很多规律，其中一些与制作CG静帧图像密切相关，比如平方反比定律解释了光线如何随着距离的增加而衰弱；反射定律解释了光线如何从一个物体的表面进行反射；折射定律则在我们制作透明的玻璃、酒水、宝石等物体材质时显得非常重要。要想成为一名合格的CG灯光师，必须深入研究光线，在设置三维场景的灯光前，最好先收集一定的相关照片素材，这样才有利于在三维软件中模拟出真实的光线效果。

1.4.2 光线运用

读者可以通过下面几张图像的光线效果，来理解光线运用在CG静帧作品中的重要性。

不同时间段的日光对于建筑所产生的照射效果表现如图1-13所示。

图1-13

不同灯具所产生的室内照明效果如图1-14所示。

图1-14

不同天气所产生的光线照明效果如图1-15所示。

图1-15

日光与灯具所产生的照明效果对比如图1-16所示。

图1-16

2.1　场景简介

　　本案例所表现的为一栋伪满时期的建筑三维动画场景。场景中的建筑主体为勤民楼，其地址位于吉林省省会长春市光复路北侧的伪满皇宫博物院内，是构成伪满皇宫建筑群体的重要组成部分，是中国清朝末代皇帝溥仪充当伪满洲皇帝时的办公活动场所。建筑的名称出自清朝皇室《祖训》中的"敬天法祖，勤政爱民"。该楼为一栋两层的方形圈楼，中间部分为方形的天井，里面种植树木，整个建筑在设计上融合了中国古典式、欧式以及日式建筑风格，能充分体现出伪满时期流行的建筑特色，案例最终完成效果及细节图如图2-1所示。

图2-1

2.2　资料整理

　　在进行项目制作之前，首先需要对制作的项目进行资料收集，同时，这也是保证制作人员能够更加准确地完成场景制作的重要步骤。为了尽可能地将该场景制作得更加真实，我花费了大半天的时间，在伪满皇宫博物院里观察建筑的形体，并拍摄了大量的实景照片，主要包括建筑外观、局部细节，以及周边环境，如图2-2所示。

图2-2

2.3　模型制作思路分析

2.3.1　勤民楼模型制作思路

　　本场景中的建筑模型主要根据我所拍摄的照片进行制作，在进行建筑建模时，我先创建出建筑大的形体外观，只有先将建筑的大概形体制作完成后，再花时间去琢磨建筑的细节才有意义。在大量的实景照片中，我首先选择了图2-3所示一张建筑的正面角度照片，来作为创建建筑模型的参考依据。

　　在进行建筑的模型制作时，可以将该照片以贴图的方式导入Maya场景中，同时，还应考虑好由于角度问题所产生的透视误差，为了将误差尽可能降低，我在建模的过程中随时调出其他角度的建筑照片以供参考。在制作建筑正门位置的局部模型时，则参考了一些建筑局部的实景照片，如图2-4所示。最终模型的完成效果如图2-5所示，模型的线框效果如图2-6所示。使用照片来进行模型制作是非常考验模型师的造型能力的，而且需要花费大量时间不断地修改模型，以使其尽可能符合真实的建筑结构。如果读者对建筑建模非常感兴趣，可以先从自己居住环境周围找些造型简单的建筑来进行建模练习。

图2-3

图2-4

9

图2-5 　　　　　　　　　　　　　　　　　　　图2-6

2.3.2　配楼制作思路

　　配楼的制作则参考了位于勤民楼东侧的一排一层建筑实景照片，如图2-7所示。在建模的思路上，依然执行"先整体，后局部"的建模规则，配楼模型的完成效果如图2-8所示，模型的线框效果如图2-9所示。

图2-7 　　　　　　　　　　图2-8 　　　　　　　　　　图2-9

2.3.3　周边环境制作思路

　　勤民楼的正前方为一栋与配楼极其相似的建筑，游客可以通过该建筑中间的门洞走进勤民楼前的空地上进行游览，如图2-10所示。虽然这栋建筑物不会出现在本案例的最终画面里，但是考虑到其投影如果出现在画面中，可以增强画面的真实程度，所以我制作了一个简易模型，并将其放置于勤民楼的前方，如图2-11所示。

图2-10

　　此外，为了得到较为真实的地面结构效果，我还在场景中创建了地砖模型，如图2-12所示。

　　场景中的建筑模型制作完成后，参考照片中的位置，在场景中放置植物配景模型，本场景的最终模型效果如图2-13所示。

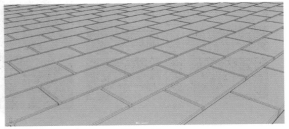

图2-11 　　　　　　　　　　　　　　　　　　　图2-12

图2-13

2.4 设置模型材质

本场景中所涉及的材质主要有灰色墙体材质、水泥材质、玻璃材质、护栏材质、瓦片材质、地砖材质和植物叶片材质。

2.4.1 制作灰色墙体材质

在制作墙体材质之前，我参考了勤民楼的外墙照片，如图2-14和图2-15所示。从照片中可以看出，楼外墙体表面为深灰色的带有强烈凹凸质感的涂料。所以，在本实例中，墙体材质要重点突出真实外墙的纹理质感。

本实例中建筑外墙的渲染结果如图2-16所示。

图2-14

图2-15

图2-16

01 在场景中选择墙体模型并右击，在弹出的快捷菜单中执行"指定新材质"命令，在弹出的"指定新材质"对话框中选择aiStandardSurface材质，如图2-17所示。

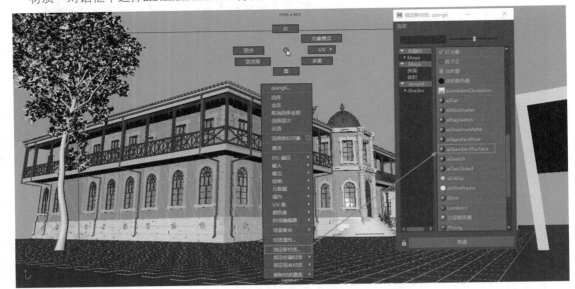

图2-17

02 在"属性编辑器"面板中，重命名材质的名称为huiqiang。在Base卷展栏内，设置材质的Color为灰色。在Specular卷展栏内，设置Roughness的值为0.5，降低材质的高光亮度，如图2-18所示。

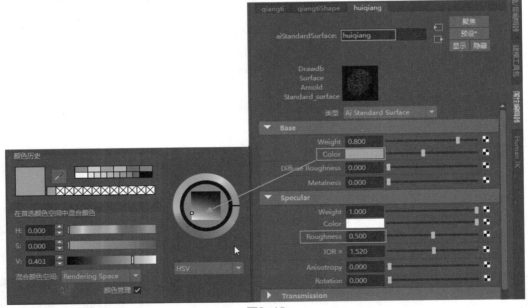

图2-18

在Maya软件中，暂时不支持以中文对模型及材质进行命名，所以本书中的模型及材质名称均使用拼音来进行代替，由此产生的不便，请读者谅解。

另外，在输入参数数值时，Maya软件会自动将数值的精度显示为小数点后三位，请读者注意。

03 展开Geometry卷展栏，在Bump Mapping的贴图通道上添加一个"噪波"渲染节点来制作墙体材质的凹凸纹理质感，如图2-19所示。设置完成后，墙体模型的噪波纹理显示结果如图2-20所示。

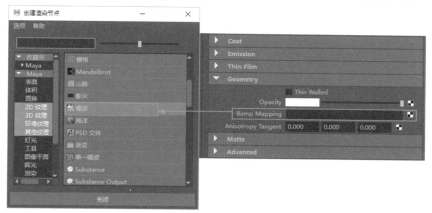

图2-19

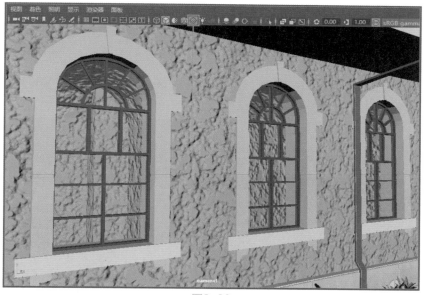

图2-20

04 在noise1选项卡中，展开"噪波属性"卷展栏，设置噪波的"比率"值为1，"最大深度"的值为5，增加噪波的纹理细节，如图2-21所示。图2-22所示为"最大深度"值为默认值3和5的纹理细节显示结果。

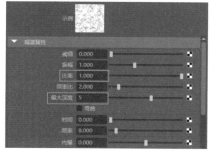

图2-21

图2-22

05 接下来，将噪波纹理的"密度"值设置为0.5，调节墙体噪波的纹理大小，如图2-23所示。

06 在bump2d1选项卡中，展开"2D凹凸属性"卷展栏，设置"凹凸深度"的值为50，增加墙体材质的凹凸质感，如图2-24所示。

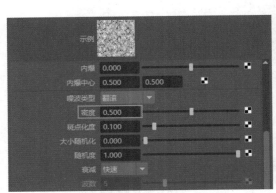

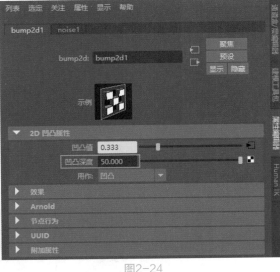

图2-23　　　　　　　　　　　　　　　　图2-24

07 设置完成后，墙体的噪波纹理显示结果如图2-25所示，墙体材质球在"材质查看器"中的计算显示结果如图2-26所示。

图2-25　　　　　　　　　　　　　　　　图2-26

技术专题——"噪波"渲染节点命令解析

　　"噪波"渲染节点通过在单位面积内叠加大小、数量不等的椭圆形来得到较为随机的纹理效果，通常用来模拟贴图的表面纹理及凹凸质感，是使用频率较高的一种贴图纹理。其命令参数主要分布于"噪波属性"卷展栏内。

　　展开"噪波属性"卷展栏，其中的命令参数如图2-27所示。

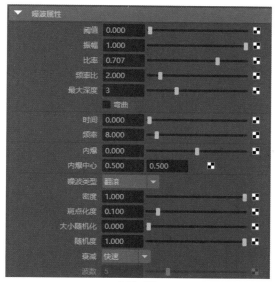

图2-27

🖹 命令解析

● 阈值：添加到整个分形效果的数值，使噪波的分形效果均匀提亮。图2-28所示是该值分别为0和0.5的"噪波"纹理显示结果。

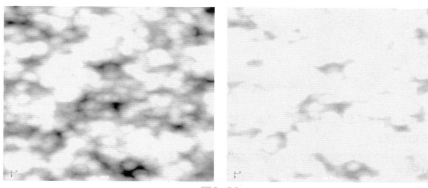

图2-28

● 振幅：应用到纹理中的所有值的比例因子，提高该值可以使得噪波的纹理对比度增强。图2-29所示是该值分别为1和2的"噪波"纹理显示结果。

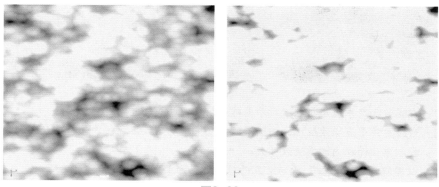

图2-29

- 比率：控制分形燥波频率。增大该值将提高分形细节的细度，图2-30所示是该值分别为0和0.1的"噪波"纹理显示结果。

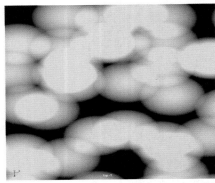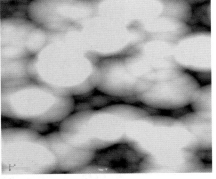

图2-30

- 频率比：确定噪波频率的相对空间比例，图2-31所示是该值分别为1和3的"噪波"纹理显示结果。

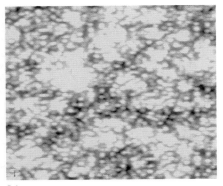

图2-31

- 最大深度：提高该值可以增加"噪波"纹理的细节，图2-32所示是该值分别为2和6的"噪波"纹理显示结果。

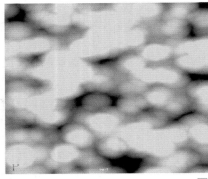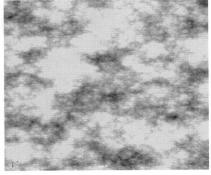

图2-32

- 弯曲：在噪波函数中应用折点。对于创建蓬松或凹凸效果非常有用。
- 时间：通过更改形成噪波纹理的椭圆形的位置来设置"噪波"纹理的动画效果。
- 频率：控制单位面积内的噪波纹理大小。
- 内爆：以围绕"内爆中心"所定义点的位置开始扭曲噪波纹理，图2-33所示是应用了"内爆"值前后的"噪波"纹理显示结果。

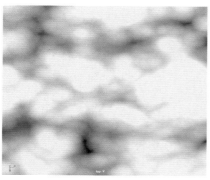

图2-33

- 内爆中心：定义内爆效果中心点的坐标位置。
- 噪波类型：确定要在分形迭代过程中使用的噪波类型，有"柏林噪波""翻滚""波浪""束状"和"空间时间"这5种类型，如图2-34所示。

图2-34

- 密度：控制单位面积内构成噪波纹理的椭圆形的大小，图2-35所示是该值分别为0.1和0.3的"噪波"纹理显示结果。

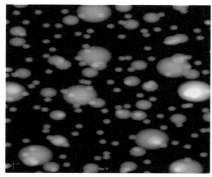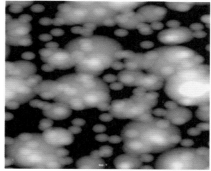

图2-35

- 斑点化度：设置"翻滚"噪波类型所用的各个单元的密度随机化效果。
- 大小随机化：设置"翻滚"噪波类型所用的各个水滴的大小随机化效果。
- 随机度：控制"翻滚"噪波类型的单元之间相对的排列方式。
- 衰减：控制"翻滚"噪波类型的各个水滴强度衰减的方式。
- 波数：确定要为"波浪"噪波类型生成的波浪数量。该数字越大，随机外观越多，纹理越慢。

2.4.2　制作水泥材质

勤民楼一层楼体结构的下方为水泥涂抹的墙壁，其表面的纹理我使用了一张收集资料那天所拍摄的照片来进行制作。虽然实地所拍摄的纹理照片不一定在后来的项目制作中用得到，但是我还是建议大家尽可能多地拍摄纹理素材，这些照片最终会给作品的材质制作提供足够多的参考依据。

本实例中水泥的材质渲染结果如图2-36所示。

图2-36

01 在场景中选择砖墙模型并右击，在弹出的快捷菜单中执行"指定新材质"命令，为其指定aiStandardSurface材质，如图2-37所示。

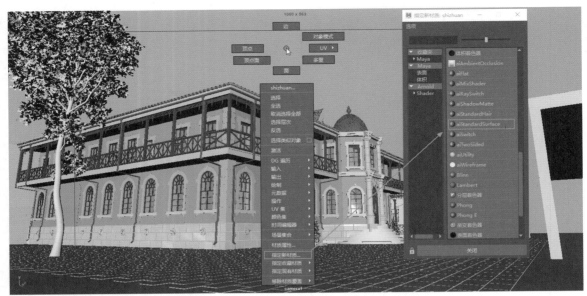

图2-37

02 在"属性编辑器"面板中，重命名材质的名称为zhuanqiang，设置完成后，材质的选项卡名称也会更改为对应的zhuanqiang名称。接下来，首先制作水泥材质的表面贴图纹理，展开Base卷展栏，单击Color属性后的方形按钮，在弹出的"创建渲染节点"对话框中选择"文件"选项，为当前属性添加"文件"渲染节点，如图2-38所示。这样，我们就可以使用计算机中的位图作为当前材质的表面纹理。

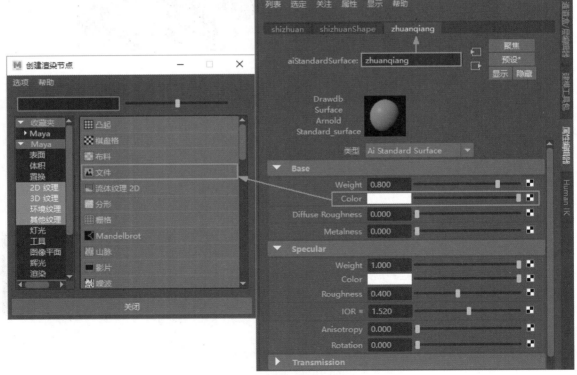

图2-38

03 展开"文件属性"卷展栏，单击"图像名称"后面的文件夹按钮，可以浏览本书配套资源所提供的"水泥贴图2.jpg"文件来模拟水泥材质的表面纹理，如图2-39所示。这是我所拍摄的一张水泥纹理贴图，通过这一步可以看出，使用拍摄出来的照片来制作材质纹理所产生的视觉效果，比仅仅使用单一的色彩要更加生动逼真。

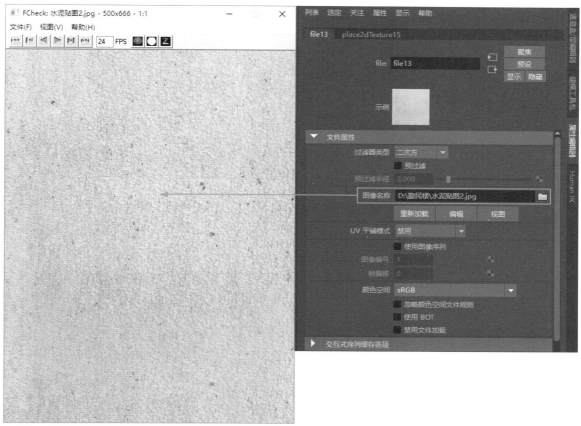

图2-39

04 展开Specular卷展栏，设置Roughness的值为0.4，降低材质的高光亮度，如图2-40所示。

05 水泥材质的表面纹理和高光制作完成后，准备为材质添加凹凸质感细节。通常情况下，材质的凹凸纹理应该和表面颜色的纹理是一样的，所以，我们可以将之前Color属性上的"文件"渲染节点直接应用在水泥材质的凹凸纹理上。首先，我

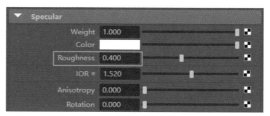

图2-40

们需要确定Color属性上的"文件"渲染节点的名称。展开Base卷展栏，单击Color属性后的黑色三角按钮，即可将"文件"渲染节点的选项卡显示出来，这样，可以看到当前渲染节点的名称为file13，如图2-41所示。需要注意的是，渲染节点的名称序号是系统在默认情况下自动以增量的方式添加的，所以，该名称以具体项目中系统所自动生成的实际名称为准。

06 展开Geometry卷展栏，在Bump Mapping属性后面的文本框中输入file13后，按下回车键，即可将Color属性所使用的"文件"渲染节点连接到凹凸贴图属性上，如图2-42所示。

07 连接成功后，Maya会自动为Bump Mapping属性添加bump2d渲染节点，并将"文件"渲染节点连接至bump2d渲染节点的"凹凸值"属性上，如图2-43所示。

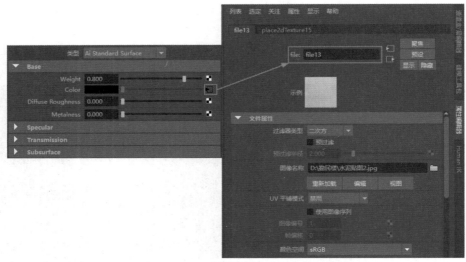

图2-41

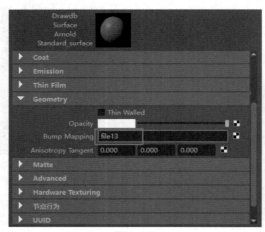

图2-42

图2-43

08 同时，软件界面下方的状态栏上还会出现bump2d2渲染节点的连接状态信息提示，通过该提示信息可以看出，自动添加的bump2d2节点被连接到了zhuanqiang材质的normalCamera属性上，如图2-44所示。

09 执行菜单栏中的"窗口"|"渲染编辑器"|Hypershade命令，如图2-45所示。

图2-44

图2-45

10 在弹出的Hypershade面板中选择zhuanqiang材质，并单击"输入连接"按钮，如图2-46所示。即可
看到该材质的渲染节点连接状态，如图2-47所示。

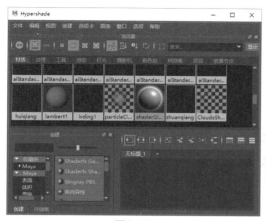

图2-46

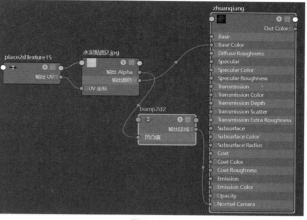

图2-47

技巧
与
提示 Maya的Hypershade面板中，不但可以显示出当前场景里包含的全部材质球，还可以以图形
连线的方式显示出每一个材质球的渲染节点使用情况。用户应该养成对每个材质球重新命名的
好习惯，这样非常有助于后期在这里对材质以查看名称的方式进行查找及修改。

11 渲染场景，可以看到现在水泥材质的凹凸质感非常明显，
如图2-48所示。
12 在Hypershade面板中单击bump2d渲染节点，即可在"属性
编辑器"面板中查看该渲染节点的参数设置，如图2-49所
示。展开"2D凹凸属性"卷展栏，将"凹凸深度"的值
由默认的1调整为0.2，降低水泥材质的凹凸质感，如图2-49
所示。
13 调整完成后，再次渲染场景，可以看到水泥材质的凹凸质感有所下降，显得更加自然了一些，如
图2-50所示。
14 制作完成的水泥材质球在"材质查看器"中的计算显示结果如图2-51所示。

图2-48

图2-49

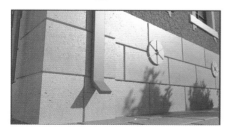

图2-50

图2-51

21

2.4.3 制作玻璃材质

在白天，当我们驻足在街道上或小区内时，望向身边的楼房，不难发现此时窗户上的玻璃看起来反射很强，并且显得有些暗淡，尤其是在强烈的日光照射下，人们几乎完全看不到屋内的状况。只有当我们趴在窗台上，用手遮挡住眼睛周围的光线后，才能很费力地看清屋子里面的东西，如图2-52所示。所以，当我们在调试玻璃材质时，也要充分考虑到现实世界中玻璃给人的印象，这样才能使得我们的作品更加真实。

本实例中的玻璃材质渲染结果如图2-53所示。

图2-52

图5-53

01 在场景中选择窗户玻璃模型并右击，在弹出的快捷菜单中执行"指定新材质"命令，为其指定aiStandardSurface材质，如图2-54所示。

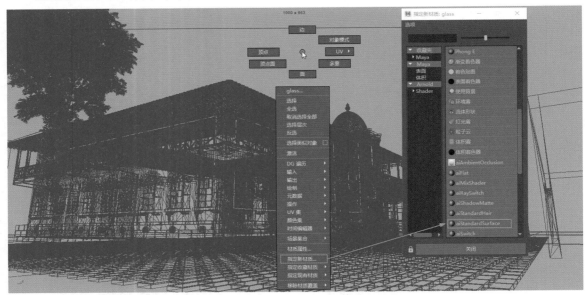

图2-54

02 在"属性编辑器"面板中，重命名材质的名称为boli，设置完成后，材质的选项卡名称也会更改为对应的boli，如图2-55所示。

03 展开Transmission卷展栏，设置玻璃材质的Weight值为1，设置完成后，观察材质球的显示状态，可以发现当前材质球变得非常透明。同时，展开Base卷展栏，可以发现当前材质的Base卷展栏内的Weight、Color和Diffuse Roughness这3个属性的参数变为灰色的不可调整状态，如图2-56所示。也就是说，当Transmission卷展栏内的权重值为1时，Base卷展栏内的前3个属性将失去作用。

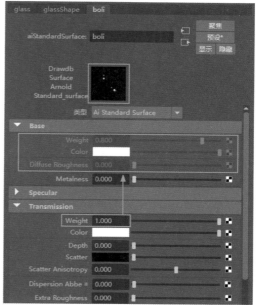

图2-56

图2-55

04 展开Geometry卷展栏，将玻璃材质的Opacity属性后的滑块调至图2-57所示位置处，降低玻璃材质的不透明度。

05 切换至glassShape选项卡，展开Arnold卷展栏，取消选中Opaque参数。如图2-58所示。

图2-57

图2-58

技巧与提示

　　Opaque，是不透明的意思，默认状态为选中状态。即便用户之前调整了材质的Opacity值，Arnold渲染器也会在材质计算中忽略该属性的颜色参数设置，使得明明已经调整为很通透的玻璃材质渲染出来却带有很重的投影效果。当我们要制作诸如玻璃、水、气泡等带有透明属性的材质时，一定要记得取消选中Opaque选项，这样，Maya才会计算玻璃材质的Opacity属性，计算出带有透明质感的玻璃投影效果。

　　图2-59所示分别为取消选中Opaque参数前后的玻璃材质投影渲染结果。

图2-59

06 制作完成后的玻璃材质球在"材质查看器"中的计算显示结果如图2-60所示。

图2-60

2.4.4 制作护栏材质

本实例中二楼走廊的护栏结构粉刷了暗红色的油漆，其材质的渲染调试效果如图2-61所示。

01 在场景中选择二楼室外的护栏模型并右击，在弹出的快捷菜单中执行"指定新材质"命令，为其指定aiStandardSurface材质，如图2-62所示。

图2-61

图2-62

02 在"属性编辑器"面板中，重命名材质的名称为honglangan，设置完成后，材质的选项卡名称也会更改为对应的honglangan，如图2-63所示。

03 展开Base卷展栏，设置材质的Color为深红色，调试出护栏材质的基本颜色，如图2-64所示。

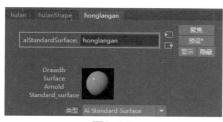
图2-63

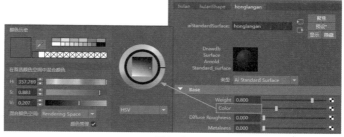
图2-64

04 展开Specular卷展栏，设置Roughness的值为0.6，降低护栏的高光亮度，如图2-65所示。

05 制作完成后的红色护栏材质球在"材质查看器"中的计算显示结果如图2-66所示。

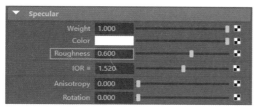
图2-65

图2-66

2.4.5　制作瓦片材质

本实例中瓦片材质的渲染调试效果如图2-67所示。

01 在场景中选择瓦片模型并右击，在弹出的快捷菜单中执行"指定新材质"命令，为其指定aiStandardSurface材质，如图2-68所示。

图2-67

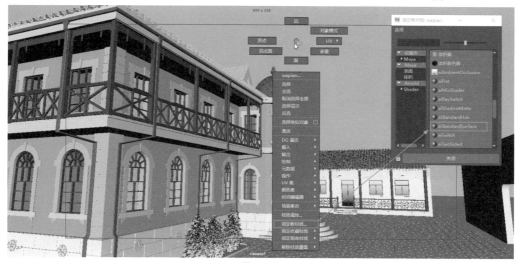
图2-68

02 在"属性编辑器"面板中，重命名材质的名称为qingwa，设置完成后，材质的选项卡名称也会更改为对应的qingwa，如图2-69所示。

03 展开Base卷展栏，设置材质的Color为灰色，如图2-70所示。

04 制作完成的青色瓦片材质球在"材质查看器"中的计算显示结果如图2-71所示。

图2-69

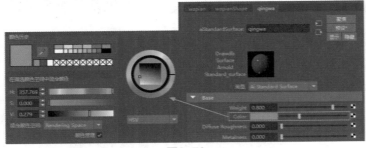

图2-70

图2-71

2.4.6　制作地砖材质

本场景中地砖材质的渲染调试效果如图2-72所示。

01 在场景中选择地砖模型并右击，在弹出的快捷菜单中执行"指定新材质"命令，为其指定aiStandardSurface材质，如图2-73所示。

图2-72

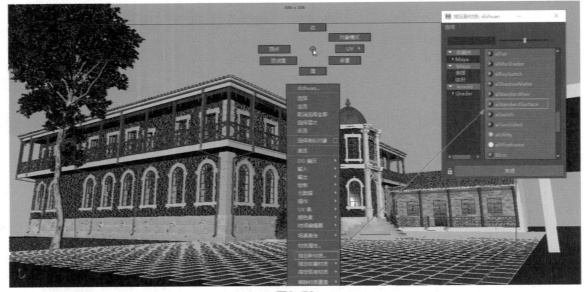

图2-73

02 在"属性编辑器"面板中，重命名当前材质的名称为zhuan，设置完成后，材质的选项卡名称也会更改为对应的zhuan，如图2-74所示。

03 展开Base卷展栏，单击Color属性后的方形按钮，在弹出的"创建渲染节点"对话框中选择"文件"选项，为当前属性添加"文件"渲染节点，如图2-75所示。

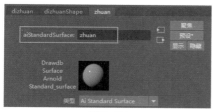

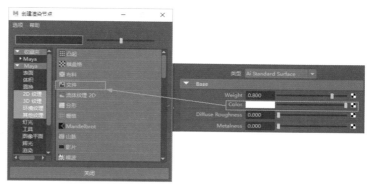

图2-74　　　　　　　　　　　　　　　　图2-75

04 展开"文件属性"卷展栏，单击"图像名称"后面的文件夹按钮，可以浏览本书配套资源所提供的"地砖贴图.jpg"文件来模拟地砖材质的表面纹理，如图2-76所示。

05 设置完成后，将选项卡切换至place2dTexture14选项卡，在"2D纹理放置属性"卷展栏中，设置"UV向重复"的值为（3.8，3.8），"偏移"的值为（0.6，-0.93），调整贴图在地砖模型上的纹理大小和坐标位置，如图2-77所示。

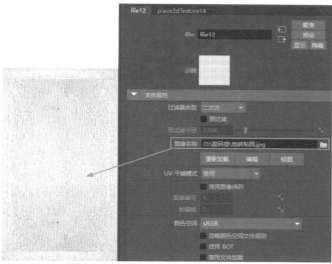

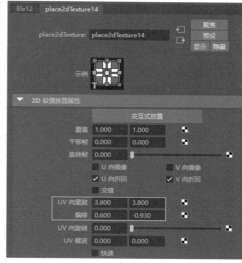

图2-76　　　　　　　　　　　　　　　　图2-77

06 设置完成后，观察场景中地砖模型上的贴图纹理，如图2-78所示。

07 展开Specular卷展栏，设置Roughness的值为0.5，降低地砖材质的高光亮度，如图2-79所示。

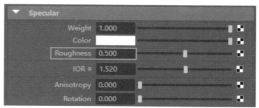

图2-78　　　　　　　　　　　　　　　　图2-79

08 下面开始设置地砖材质的凹凸质感。展开Base卷展栏，单击Color属性后的黑色三角按钮，即可将"文件"渲染节点的选项卡显示出来，这样，可以看到当前渲染节点的名称为file12。将该名称记住后，展开Geometry卷展栏，在Bump Mapping属性后面的文本框内输入file12，按回车键，即可将地砖材质的Color属性上所使用的"文件"渲染节点连接到凹凸贴图属性上，如图2-80所示。

09 在自动弹出的bump2d3选项卡中，展开"2D凹凸属性"卷展栏，设置"凹凸深度"的值为0.2，如图2-81所示。

图2-80　　　　　　　　　　　　　　图2-81

10 设置完成后，执行菜单栏中的"窗口"|"渲染编辑器"|Hypershade命令，在Hypershade面板中，选择zhuan材质球并单击"输入连接"按钮，可以看到地砖材质球的渲染节点连接情况，如图2-82所示。

制作完成后的地砖材质球在"材质查看器"中的计算显示结果如图2-83所示。

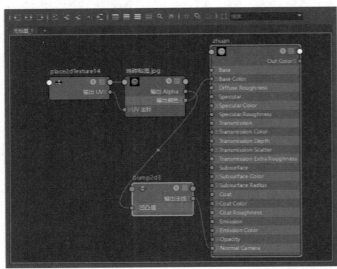

图2-82　　　　　　　　　　　　　　图2-83

2.4.7　制作植物叶片材质

本实例中植物叶片材质的渲染调试效果如图2-84所示。

01 在场景中选择植物的叶片模型并右击，在弹出的快捷菜单中执行"指定新材质"命令，为其指定aiStandardSurface材质，如图2-85所示。

图2-84

图2-85

02　在"属性编辑器"面板中，重命名当前材质的名称为yezi，设置完成后，材质的选项卡名称也会更改为对应的yezi，如图2-86所示。

03　展开Base卷展栏，单击Color属性后的方形按钮，在弹出的"创建渲染节点"对话框中选择"文件"选项，为当前属性添加"文件"渲染节点，如图2-87所示。

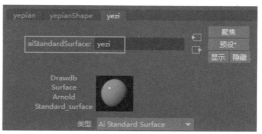

图2-86

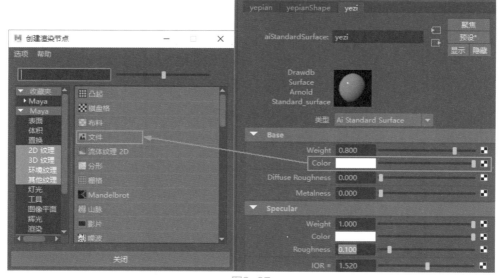

图2-87

04　展开"文件属性"卷展栏，单击"图像名称"后面的文件夹按钮，可以浏览本书配套资源所提供的"叶片2.jpg"文件来模拟地砖材质的表面纹理，如图2-88所示。

图2-88

05 单击"转到输出连接"按钮，回到yezi选项卡，展开Specular卷展栏，设置Roughness的值为0.3，降低叶片的高光亮度，如图2-89所示。

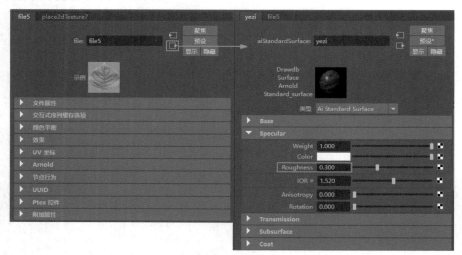

图2-89

06 制作完成后的植物叶片材质球在"材质查看器"中的计算显示结果如图2-90所示。

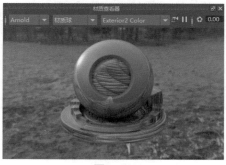

图2-90

技术专题——从我们的身边获取贴图

　　要想得到较为真实的贴图，最方便的方法莫过于运用相机拍摄技术取材于现实中的事物，本小节中使用的植物叶片贴图，就是我在小区里采摘的一片红瑞木的叶片照片修改而成。在植物的枝干上选择一片自己满意的叶子，摘下后平铺放置在白纸上，就可以进行拍摄了，如图2-91所示。

　　在拍摄时，最好在被拍摄物体的正上方进行，叶片拍摄的结果如图2-90所示。

图2-91　　　　　　　　　　　　　　　　　图2-92

　　接下来，在Photoshop中对植物叶片的照片进行处理，具体步骤如下。

01 首先，使用Photoshop将照片打开，如图2-93所示。

图2-93

02 按下快捷键Ctrl+J，将背景层复制一层，如图2-94所示。

03 在菜单栏中执行"图像"|"调整"|"亮度/对比度"命令，在弹出的"亮度/对比度"对话框里，设置"图层1"的"亮度"值为60，"对比度"值为30，如图2-95所示。设置完成后，可以看到叶片后面的白纸几乎被调试成了纯白色，这样有利于使用"快速选择工具"对图像的白色区域进行选择。

04 接下来将鼠标切换至"快速选择工具"，并将笔刷的"大小"值设置为100，如图2-96所示。设置完成后，使用"快速选择工具"对图像的白色区域进行选择，并建立选区，如图2-97所示。

05 选区创建完成后，可以按Delete键，对"图层1"里所选择的区域进行删除，然后按下快捷键 Ctrl+D，取消选区。

06 在背景图层的上方再次创建一个"图层2"，如图2-98所示。

图2-94

图2-95

图2-96

图2-97

图2-98

07 单击"设置前景色"按钮，鼠标会自动变成一个吸管图标，然后在叶片上图2-99所示位置处单击一下，即可在弹出的"拾色器（前景色）"对话框内将前景色更改为绿色。

图2-99

08 在"图层"面板中选择"图层1"，按下快捷键Ctrl+M，打开"曲线"对话框，调整曲线的形态至图2-100所示，将叶片的颜色整体调亮一些。

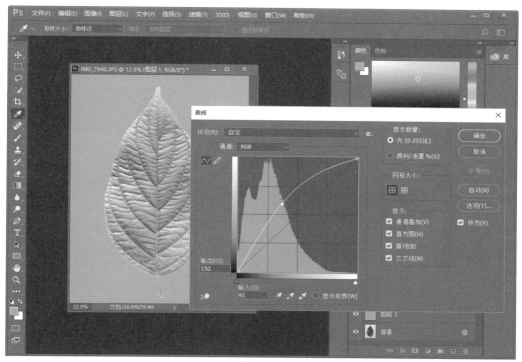

图2-100

09 使用"工具箱"中的"裁剪工具"对图像进行裁剪，如图2-101所示。

10 裁剪完成后，按下快捷键Ctrl+Shift+S，将图像另存为jpg格式的文件。这样，一张取材自我们身边的叶片贴图就制作完成了，制作好的叶片贴图最终效果如图2-102所示。

图2-101

图2-102

2.5 制作天空照明环境

下面来为场景进行照明设置，在制作灯光照明前，我先从之前拍摄的照片里选了一张以做参考之用，如图2-103所示。

图2-103

2.5.1 为场景添加物理天空

01 在Arnold工具架中单击Create Physical Sky按钮，如图2-104所示。即可在场景中创建一个Arnold渲染器为用户提供的物理天空灯光，如图2-105所示。

图2-104

02 物理天空创建完成后，可以看到场景内多了一个黑色的圆球状物体，这就是Arnold渲染器自带的物理天空对象。

03 单击Arnold工具架中的最后一个按钮——Render按钮，如图2-106所示。渲染摄影机视图，可以看到物理天空的默认照明结果如图2-107所示。

图2-105

图2-106

04 从渲染结果上看，在默认情况下，物理天空的光线稍微偏暗一些，另外阳光的照射角度也需要适当更改一下，以符合动画需要。

05 选择场景中的物理天空对象，将"属性编辑器"切换至aiPhysicalSky1选项卡，展开Physical Sky Attributes（物理天空属性）卷展栏，设置Elevation的值为25，Azimuth的值为40，Intensity的值为2.5，Sun Size的值为1，如图2-108所示。

图2-107

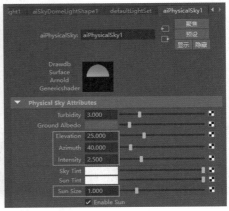

图2-108

06 在aiSkyDomeLightShape1选项卡中，展开SkyDomeLight Attributes（天穹灯光属性）卷展栏，设置Samples的值为5，提高灯光照明的计算精度，如图2-109所示。

07 设置完成后，渲染场景，渲染结果如图2-110所示。

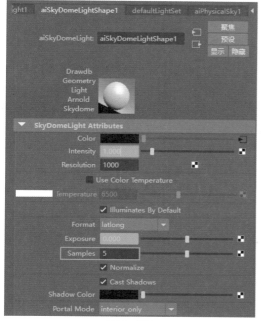

图2-109

图2-110

技术专题——aiPhysicalSky渲染节点命令解析

我们可以通过Hypershade面板进行查看，当场景中创建一个物理天空灯光后，Maya会自动创建aiPhysicalSky渲染节点，并将其连接至aiSkyDomeLightShape渲染节点上，如图2-111所示。

我们可以对aiPhysicalSky渲染节点进行参数设置，来控制场景的阳光照射角度及照明强度，具体参数命令如图2-112所示。

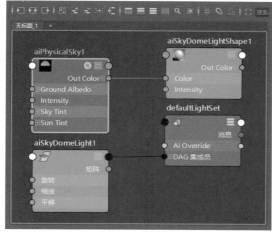

图2-111

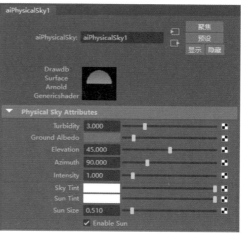

图2-112

命令解析

- Turbidity：控制天空的大气浊度，图2-113所示是该值分别为1和10的渲染图像结果。

图2-113

- Ground Albedo：控制地平面以下的大气颜色。
- Elevation：设置太阳的高度。值越高，太阳的位置越高，天空越亮，物体的影子越短；反之太阳的位置越低，天空越暗，物体的影子越长。图2-114所示是该值分别为20和50的渲染结果。

图2-114

- Azimuth：设置太阳的方位。图2-115所示是该值分别为10和100的渲染结果。

图2-115

- Intensity：设置太阳强度的倍增值。
- Sky Tint：设置天空的色调，默认为白色。将Sky Tint的颜色调试为黄色，如图2-116所示，渲染结果如图2-117所示，可以用来模拟沙尘天气效果；将Sky Tint的颜色调试为蓝色，如图2-118所示，渲染结果如图2-119所示，则可以加强天空的色彩饱和度，使得渲染出来的画面更加艳丽，从而显得天空更加晴朗。

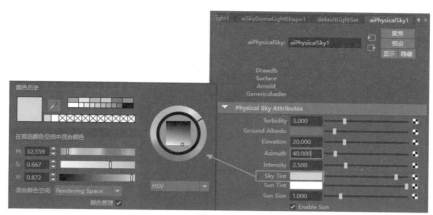

图2-116

图2-117

图2-118

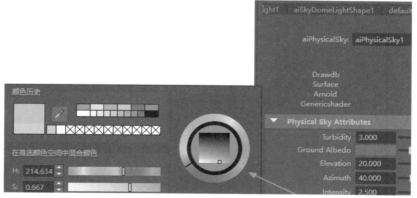

图2-119

- Sun Tint：设置太阳色调，使用方法跟Sky Tint极为相似。
- Sun Size：设置太阳的大小，图2-120所示是该值分别为1和5的渲染结果。此外，该值还会对物体的阴影产生影响，值越大，物体的投影越虚。

图2-120

- Enable Sun：选中该选项开启太阳计算，默认为选中状态。如果取消选中该选项，可以用于模拟阴天的光照效果。图2-121所示分别为选中该选项前后的渲染结果。

图2-121

2.5.2 为场景添加云层

天空环境制作完成后，接下来，为天空添加云层细节。

01 将菜单栏的命令显示切换至FX，如图2-122所示。

02 执行菜单栏中的"效果"|"获取效果资源"命令，如图2-123所示。打开"内容浏览器"面板，如图2-124所示。

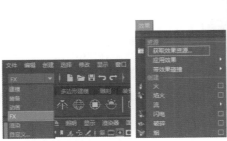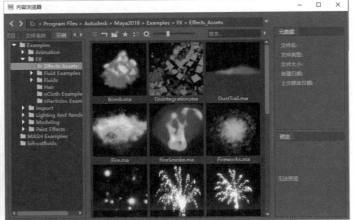

图2-122　　　　图2-123　　　　　　　　　　　　图2-124

03 在"内容浏览器"面板左侧的"示例"选项卡中，执行Examples | FX | Fluid Examples | Clouds And Fog命令，即可找到Maya为用户提供的云场景示例文件，如图2-125所示。

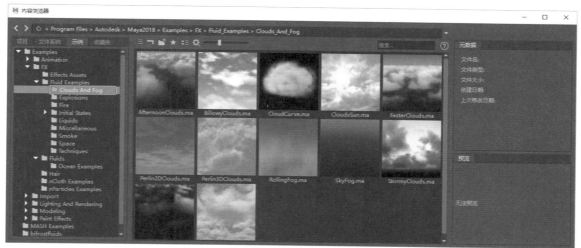

图2-125

04 在"内容浏览器"面板中，选择最后一个文件，并将其拖曳到当前场景中，如图2-126所示。

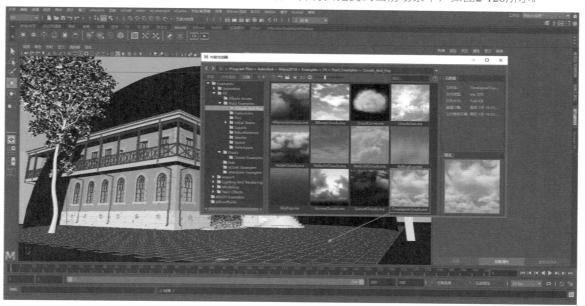

图2-126

05 在"大纲视图"中，可以通过查找名称的方式快速找到导入的场景文件的平行光，然后按F键，则可以在场景中快速显示所选择的对象，如图2-127所示。

06 选择场景中导入进来的灯光和霾，如图2-128所示。按下Delete键，对其进行删除操作，仅保留导入进来的流体云。

07 选择场景中的流体云，在"属性编辑器"面板中，对其进行缩放操作，将其"缩放"属性的值设置为（200，200，200），如图2-129所示。缩放完成后，流体云的大小如图2-130所示。

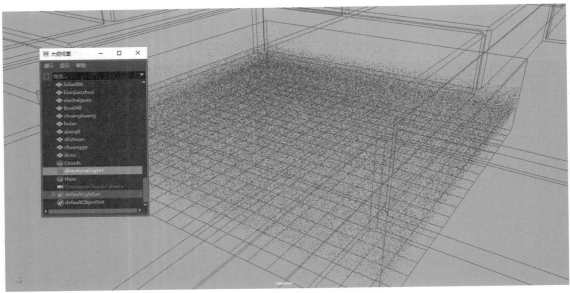

图2-127

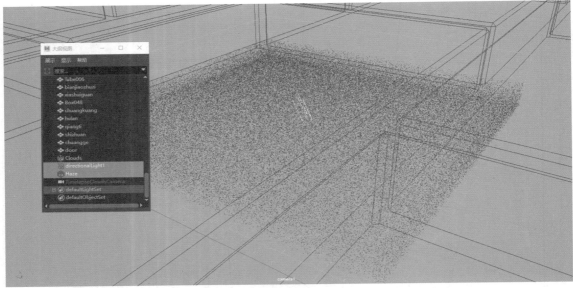

图2-128

图2-129

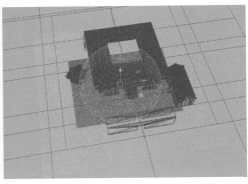

图2-130

08 按下5键，在视口中将场景切换为"平滑着色处理"效果后，调整流体云的位置至图2-131所示位置处。

09 设置完成后，渲染场景，渲染结果如图2-132所示。通过渲染图像可以看到，天空中增加了云层效果。

图2-131　　　　　　　　　　　　　　　　　　　　图2-132

10 在默认情况下，渲染出来的云层效果不太明显，我们可以选择流体云，在"属性编辑器"面板的CloudsShape选项卡中，展开"着色"卷展栏，设置流体"透明度"的滑块位置至图2-133所示位置处，以加重云层的渲染效果。展开"颜色"卷展栏，设置云的"选定颜色"为白色，调整完成后，云层的最终渲染结果如图2-134所示。

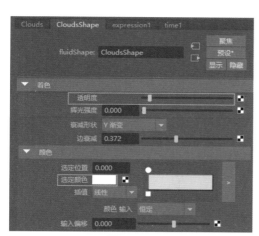

图2-133　　　　　　　　　　　　　　　　　　　　图2-134

　　　"内容浏览器"面板提供了大量的示例文件供用户选择学习或者直接使用，主要包括动画、流体、布料、粒子系统、卡通材质、笔刷特效、MASH运动图形及Bifrost流体等技术实例，如图2-135所示。

　　　用户可以直接将示例文件以拖曳的方式导入当前场景进行查看或学习，如图2-136所示。

　　　其中，个别实例还提供有网络教程连接供用户访问学习，用户在打开该实例文件时，会自动弹出"教程信息"对话框，如图2-137所示。

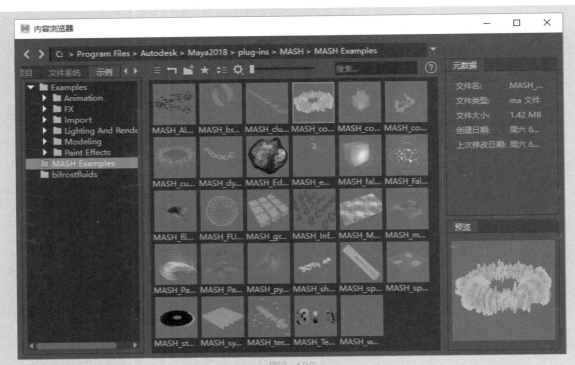

图2-135

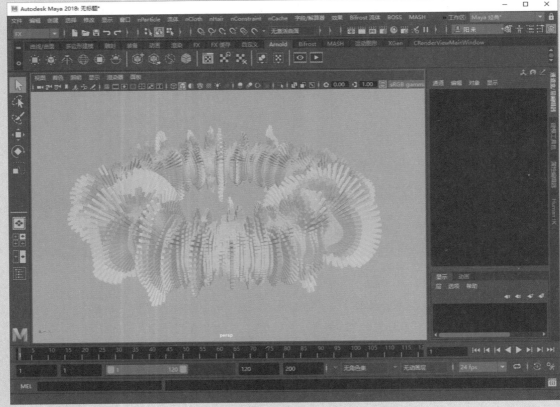

图2-136

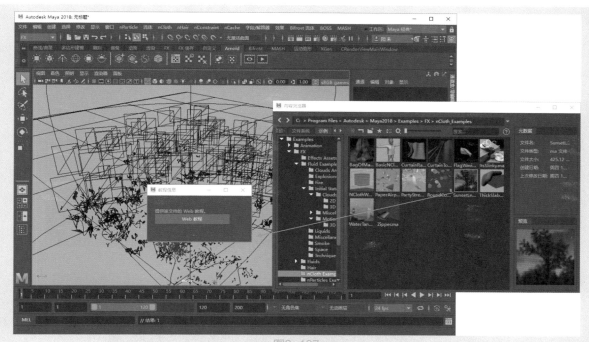

图2-137

2.6 渲染及后期处理

01 打开"渲染设置"面板，在"公用"选项卡中，展开"图像大小"卷展栏，将渲染图像的"预设"选择为HD_720，如图2-138所示。

02 在Arnold Renderer选项卡中，展开Sampling卷展栏，设置Camera（AA）的值为10，提高渲染图像的计算采样精度，如图2-139所示。

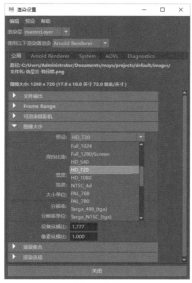

图2-138

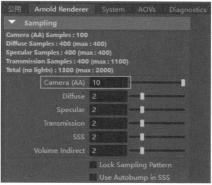

图2-139

03▸ 展开Filter卷展栏，设置Type的选项为catrom，该选项可以使得渲染出来的图像具有黑色的锐化边缘，如图2-140所示。

04▸ 设置完成后，渲染场景，渲染结果如图2-141所示。

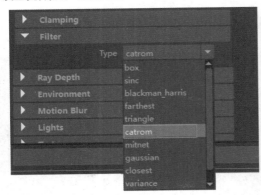
图2-140

图2-141

05▸ 在Arnold RenderView（Arnold渲染视口）中，单击右上角的齿轮形状按钮，打开Display选项卡，设置Exposure的值为1，增加一点渲染图像的亮度，如图2-142所示。

图2-142

06▸ 将View Transform的选项设置为Rec 709 gamma，提高图像的层次感，如图2-143所示。

图2-143

07 本实例的最终渲染结果如图2-144所示。

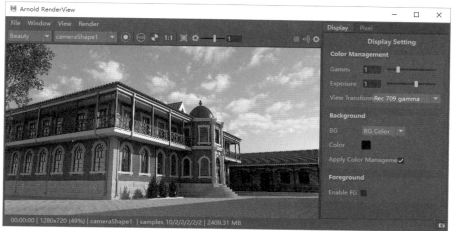

图2-144

3.1　场景简介

本案例是一幅表现昏暗灯光透过半透明的蘑菇为主体的三维动画场景，案例最终完成效果如图3-1所示。

图3-1

3.2　资料整理

在进行项目制作之前，首先需要进行资料收集，图3-2所示为我拍摄的一幅丛生的蘑菇照片。本实例制作完成后的场景模型如图3-3所示。

图3-2

图3-3

3.3　设置模型材质

本场景中涉及的材质主要有蘑菇材质、小草材质、石头材质等。

3.3.1　制作蘑菇材质

在制作蘑菇材质之前，我首先参考了一些蘑菇的照片，如图3-4所示。在本实例中，蘑菇材质要重点突出蘑菇的颜色、纹理及透光性等质感表现。

本实例中蘑菇的渲染结果如图3-5所示。

图3-4

图3-5

01 在场景中选择蘑菇模型并右击，在弹出的快捷菜单中执行"指定新材质"命令，在弹出的"指定新材质"对话框中选择aiStandardSurface材质，如图3-6所示。

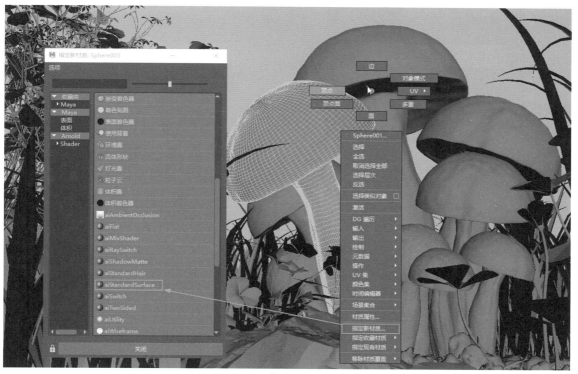

图3-6

02 在"属性编辑器"面板中，重命名材质的名称为mogu。在Base卷展栏内，为材质的Color属性添加"渐变"渲染节点，如图3-7所示。

03 在ramp1选项卡中，展开"渐变属性"卷展栏，设置渐变的色彩如图3-8所示。设置完成后的蘑菇模型显示效果如图3-9所示。

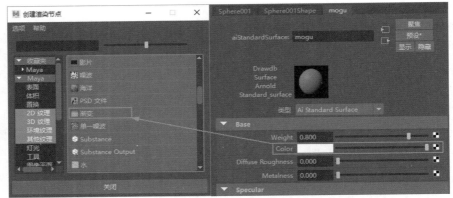

图3-7

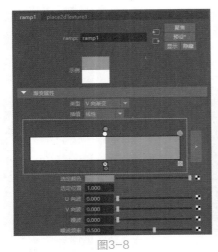

图3-8

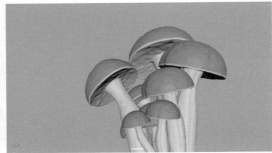

图3-9

04 选择渐变图像的最后一个色彩节点，为其"选定颜色"属性添加"单一噪波"节点，为蘑菇纹理增加细节，如图3-10所示。

05 在自动弹出的simplexNoise1选项卡中设置Scale的值为20，并将Noise Type设置为Cellular，如图3-11所示。调整完成后，蘑菇模型的材质显示结果如图3-12所示。

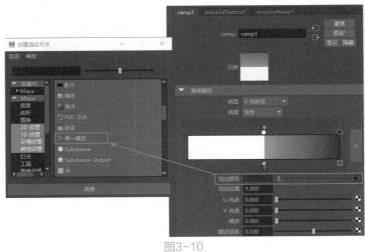

图3-10   图3-11

06 展开Specular卷展栏，设置Weight的值为1，Roughness的值为0.5，制作出蘑菇材质的高光效果，如图3-13所示。

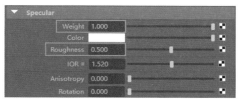

图3-12　　　　　　　　　　　　　　　　　图3-13

07 展开Geometry卷展栏，在Bump Mapping命令后面的文本框内输入simplexNoise1后，按下回车键，即可将之前Color属性中"渐变"渲染节点中所使用的"单一噪波"渲染节点连接到该材质的凹凸贴图属性上，如图3-14所示。

图3-14

08 设置完成后，在Bump Mapping命令上右击，在弹出的快捷菜单中执行bump2d1.outNormal命令，如图3-15所示。

09 在自动弹出的bump2d1选项卡中，展开"2D凹凸属性"卷展栏，设置"凹凸深度"的值为0.02，调整蘑菇材质的凹凸质感，如图3-16所示。

图3-15　　　　　　　　　　　　　　　　　图3-16

10 最后，展开Subsurface卷展栏，设置Weight的值为0.3，调整SubSurface Color的颜色为橙色，制作蘑菇材质的透光效果，如图3-17所示。

11 设置完成后，蘑菇材质球在"材质查看器"中的计算显示结果如图3-18所示。

图3-17　　　　　　　　　　　　　　　　　图3-18

技术专题——次表面散射（SSS）效果解析

次表面散射（SSS）主要用来模拟光线透过物体表面并在其内部产生的一种散射光学现象，我们仔细留意的话，可以发现身边就有许多带有次表面散射特征的物体，比如生物体相对较薄的部分，如耳朵、手指等部位；蜡烛、玉石、塑料玩具等具有一定透光属性材质的物体；或者是一些通透性不好的液体，比如牛奶、咖啡等。图3-19和图3-20为我拍摄的两张带有次表面散射效果材质的照片。图3-21为次表面散射光线与反射光线作用于物体表面的示意图。

图3-19

图3-20

展开Subsurface（次表面散射）卷展栏，其中的命令参数如图3-22所示。

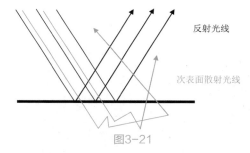
图3-21

图3-22

命令解析

● **Weight**（权重）：在漫反射与次表面散射之间"混合"。该值设置为 1.0 时，只有次表面散射效果；设置为 0 时，无次表面散射效果，图3-23所示是该值分别为0和1的渲染结果。

图3-23

● SubSurface Color（次表面散射颜色）：用于确定次表面散射效果的颜色，图3-24所示分别为调试了不同次表面散射颜色后的模型渲染结果。

图3-24

● Radius（半径）：通过颜色及贴图设置光线在曲面之下可以散射的大概距离，也称为"平均自由程"（MFP），此参数影响光线在再度散射出曲面前在曲面下可能传播的平均距离。图3-25所示是半径色彩为深灰色和白色的渲染结果。

图3-25

● Scale（比例）：控制光线在再度反射出曲面前在曲面下可能传播的距离。它将扩大散射半径，并增加SSS半径颜色，图3-26所示是该值分别为1和10的渲染结果。

图3-26

3.3.2 制作石头材质

本实例中的石头材质渲染结果如图3-27所示。

01 在场景中选择石头模型并右击，在弹出的快捷菜单中执行"指定新材质"命令，在弹出的"指定新材质"对话框中选择aiStandardSurface材质，如图3-28所示。

02 在"属性编辑器"面板中，重命名材质的名称为shitoucaizhi。在Base卷展栏内，为材质的Color属性添加"文件"渲染节点，如图3-29所示。

图3-27

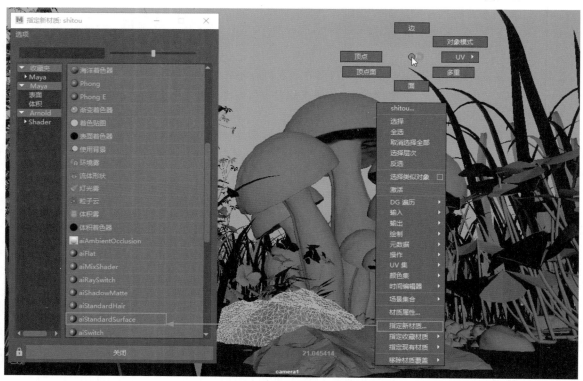

图3-28

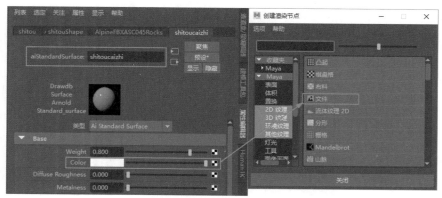

图3-29

03 展开"文件属性"卷展栏，单击"图像名称"后面的文件夹按钮，浏览本书配套资源文件"石头.jpg"，为石头模型材质的颜色属性添加石头纹理贴图，如图3-30所示。

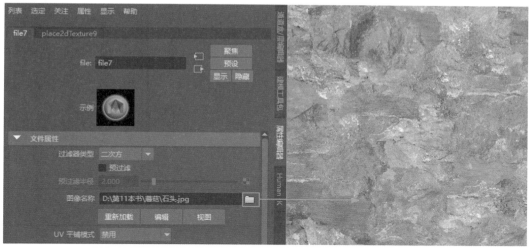

图3-30

04 展开Specular卷展栏，调整Weight的值为1，Color的颜色为白色，Roughness的值为0.3，设置石头材质的高光效果，如图3-31所示。

05 设置完成后，石头材质球在"材质查看器"中的计算显示结果如图3-32所示。

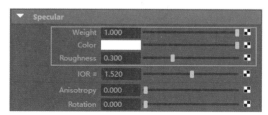

图3-31　　　　　　　　　　　　　　　图3-32

3.3.3　制作小草叶片材质

本实例中的小草叶片材质渲染结果如图3-33所示。

01 在场景中选择小草模型并右击，在弹出的快捷菜单中执行"指定新材质"命令，在弹出的"指定新材质"对话框中选择aiStandardSurface材质，如图3-34所示。

02 在"属性编辑器"面板中，重命名材质的名称为yepian1，展开Base卷展栏，调整叶片的Color（颜色）为绿色，如图3-35所示。

图3-33

图3-34

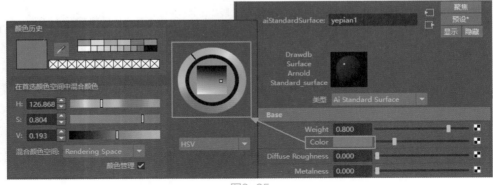

图3-35

03 ▶ 展开Specular卷展栏，设置Weight的值为1，Color 的颜色为白色，Roughness的值为0.1，设置叶片材质的高光效果，如图3-36所示。

04 ▶ 设置完成后，小草叶片材质球在"材质查看器"中的计算显示结果如图3-37所示。

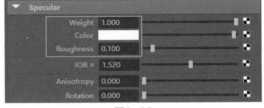

图3-36

05 ▶ 在本实例中，为了加强小草模型渲染结果的层次感，可以考虑随机选择小草模型的部分叶片模型赋予不同的颜色进行实现。选择场景中的小草模型，进入其"面"子层级，双击叶片模型上的任意面，则可以选择上整片的叶片模型，接下来按住Shift键，随机选择一些叶片模型，如图3-38所示。

| 图3-37 | 图3-38 |

06 使用相同的操作为所选择的叶片模型指定aiStandardSurface材质，并重命名为yepian2，并更改Base
卷展栏中Color的颜色为黄绿色，如图3-39所示。

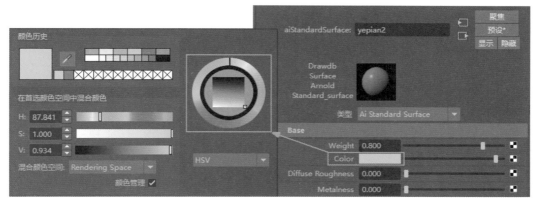

图3-39

07 重复以上操作，继续给小草模型的叶片添加不同的材质，添加完成后，在"属性编辑器"面板中查
看小草模型的材质球设置情况，如图3-40所示。

08 设置完成材质效果的小草模型在Maya视图中的颜色显示如图3-41所示。

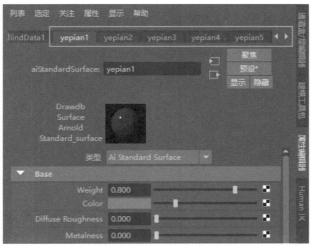

| 图3-40 | 图3-41 |

3.3.4 制作三叶草材质

本实例中的三叶草材质渲染结果如图3-42所示。

01 在场景中选择三叶草叶片模型并右击，在弹出的快捷菜单中执行"指定新材质"命令，在弹出的"指定新材质"对话框中选择aiStandardSurface材质，如图3-43所示。

02 在"属性编辑器"面板中，重命名材质的名称为sanyecaoyepian。在Base卷展栏内，为材质的Color属性添加"文件"渲染节点，如图3-44所示。

图3-42

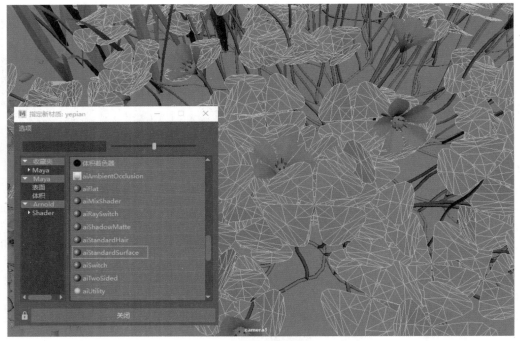

图3-43

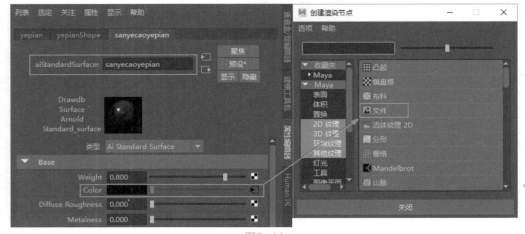

图3-44

03 展开"文件属性"卷展栏，单击"图像名称"后面的文件夹按钮，浏览本书配套资源文件"叶片-1.tga"，为三叶草叶片模型材质的颜色属性添加叶片纹理贴图，如图3-45所示。

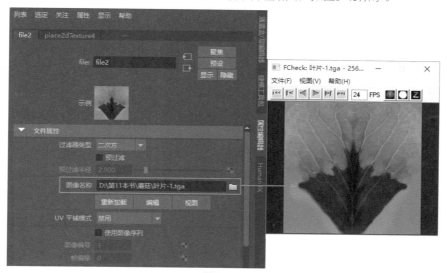

图3-45

04 展开Specular卷展栏，设置Weight的值为1，Color的颜色为白色，Roughness的值为0.2，设置三叶草叶片材质的高光效果，如图3-46所示。

05 接下来，制作叶片的凹凸效果。展开Geometry卷展栏，在Bump Mapping属性后面的文本框内输入file2，如图3-47所示。这样，可以快速地将Base卷展栏内Color属性上的"文件"渲染节点连接至Geometry卷展栏中的Bump Mapping属性上，使得这两个不同的属性共用同一张贴图。

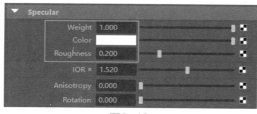

图3-46

图3-47

06 在Bump Mapping属性上右击，在弹出的快捷菜单中执行bump2d2.outNormal命令，如图3-48所示，即可打开bump2d2选项卡。

07 在bump2d2选项卡中，展开"2D凹凸属性"卷展栏，设置"凹凸深度"的值为0.1，调整三叶草的凹凸程度，如图3-49所示。

图3-48

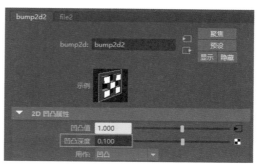

图3-49

08 设置完成后，三叶草叶片材质球在"材质查看器"中的计算显示结果如图3-50所示。

09 读者还可以尝试以相似的操作步骤设置三叶草的花瓣效果，设置完成后，三叶草花瓣材质球在"材质查看器"中的计算显示结果如图3-51所示。

图3-50

图3-51

3.4 设置灯光

本实例中所要表达的场景氛围带有一定的梦幻色彩，渲染出来的图像要体现出光线透过雾气所产生的朦胧效果，所以在灯光的设置上，相对来说要稍微复杂一些。

3.4.1 设置主光源

01 在Arnold工具架中单击Create Area Light按钮，在场景中创建一个区域灯光，如图3-52所示。

图3-52

02 在场景中，调整区域灯光的大小、位置及照射角度至图3-53所示，使得灯光从场景的右侧上方向下进行照明。

03 在"属性编辑器"面板中，展开Arnold Area Light Attributes卷展栏，设置灯光的Color为黄色，设置灯光的Intensity的值为200，Exposure的值为4，如图3-54所示。

图3-53

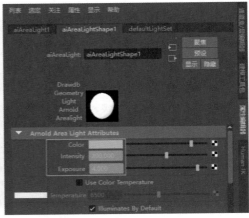
图3-54

04 设置完成后，渲染场景，渲染结果如图3-55所示。

图3-55

3.4.2 设置辅助光源

01 在Arnold工具架中单击Create Area Light按钮，在场景中创建一个区域灯光用作第一个辅助光源，并调整灯光的大小、位置及照射角度至图3-56所示。

02 在"属性编辑器"面板中，展开Arnold Area Light Attributes卷展栏，设置灯光的Color为蓝色，设置灯光Intensity的值为300，Exposure的值为4，如图3-57所示。

图3-56

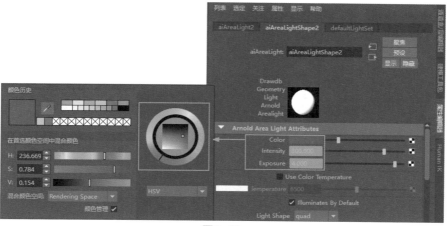

图3-57

03 在Arnold工具架中单击Create Area Light按钮，在场景中创建一个区域灯光用作第二个辅助光源，并调整灯光的大小、位置及照射角度至图3-58所示。

04 在"属性编辑器"面板中，展开Arnold Area Light Attributes卷展栏，设置灯光的Color为白色，设置灯光的Intensity值为200，Exposure值为1，如图3-59所示。

05 设置完成后，渲染场景，渲染结果如图3-60所示。

06 在Arnold工具架中单击Create Physical Sky按钮，在场景中创建一个物理天空灯光，用作第三个辅助光源，其目的是为了提亮场景的背景环境，如图3-61所示。

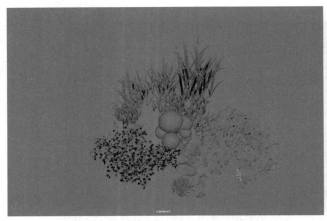

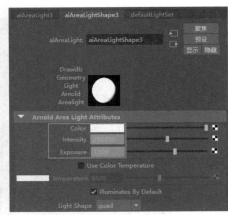

图3-58　　　　　　　　　　　　　　　　　　图3-59

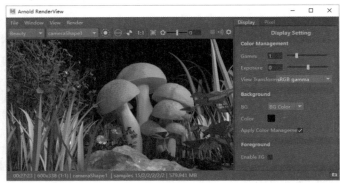

图3-60　　　　　　　　　　　　　　　　　　图3-61

07 在"属性编辑器"面板中，展开Physical Sky Attributes（物理天空属性）卷展栏，设置Intensity的值为0.5，并取消选中Enable Sun选项，如图3-62所示。

08 再次渲染场景，渲染结果如图3-63所示。

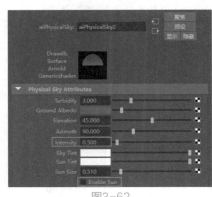

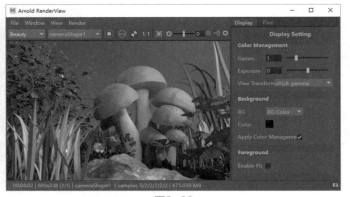

图3-62　　　　　　　　　　　　　　　　　　图3-63

3.4.3　为场景添加大气效果

01 打开"渲染设置"面板，在Arnold Renderer选项卡中，展开Environment（环境）卷展栏，单击

Atmosphere（大气）参数后面的贴图按钮，在弹出的快捷菜单中执行Create aiAtmosphereVolume命令，为场景添加大气效果，如图3-64所示。

02 在"属性编辑器"面板中，展开Volume Attributes（体积属性）卷展栏，设置Density（密度）的值为0.01，如图3-65所示。

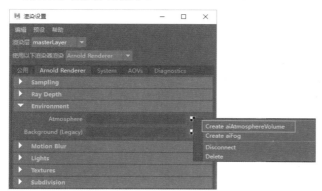

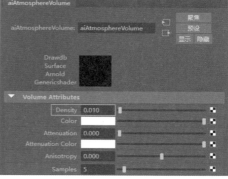

图3-64　　　　　　　　　　　　　　　图3-65

03 设置完成后，渲染场景，渲染结果如图3-66所示。

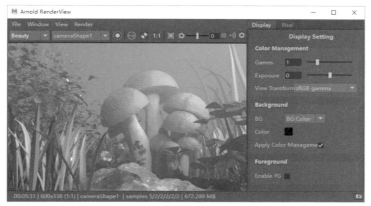

图3-66

04 在默认状态下，添加了大气效果的场景渲染图像给人的感觉比较灰，这时，可以通过对图像进行后期设置来调节，在Arnold RenderView对话框中，设置Gamm的值为0.5，可以提高图像的对比度效果；将View Transform的选项设置为Stingray tone-map，则可以提亮整个画面，如图3-67所示。

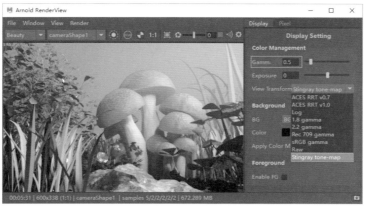

图3-67

05 灯光设置完成后的场景渲染结果如图3-68所示。

图3-68

3.5 设置摄影机

3.5.1 创建摄影机

01 在"渲染"工具架中单击"创建摄影机"按钮，在场景中创建一个摄影机，如图3-69所示。

02 执行视图菜单栏中的"面板"|"透视"|camera1命令，如图3-70所示，可以将场景视图切换为摄影机视图。

图3-69   图3-70

03 在"属性编辑器"面板中，展开"摄影机属性"卷展栏，设置"视角"的值为60，"焦距"的值为31.177，如图3-71所示。

04 在camera1选项卡中，展开"变换属性"卷展栏，设置摄影机的"平移"属性和"旋转"属性值分别如图3-72所示，并设置为关键帧，这样场景的摄影机位置就记录完成了。即便我们在后期调整的时候改变了摄影机的位置，通过调整时间帧，也可以快速使摄影机恢复至我们记录关键帧时的位置和旋转状态。

05 在摄影机视图中，调整摄影机的视角至图3-73所示。

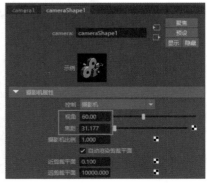

图3-71

图3-72　　　　　　　　　　　　　　　　　　　　　图3-73

3.5.2　设置景深效果

"景深"效果是摄影师常用的一种拍摄手法，当相机的镜头对着某一物体聚焦清晰时，在镜头中心所对的位置垂直镜头轴线的同一平面的点都可以在胶片或者接收器上形成相当清晰的图像，在这个平面沿着镜头轴线的前面和后面一定范围的点也可以结成眼睛可以接受的较清晰的像点，我们就把这个平面的前面和后面的所有景物的距离叫做相机的景深。在渲染中通过"景深"特效常常可以虚化配景，从而达到表现画面的主体的作用。图3-74和图3-75所示分别为焦点在不同位置的"景深"效果照片。

图3-74　　　　　　　　　　　　　　　　　　　　　图3-75

在本实例中，设置景深效果的具体步骤如下。

01　执行菜单栏中的"创建"|"测量工具"|"距离工具"命令，如图3-76所示。

02　在"顶视图"中，使用"距离工具"测量出摄影机至场景中蘑菇的大概距离为21.0454，如图3-77所示，所以在接下来的参数设置中，可以考虑将Focus Distance的值设置为一个接近于21.0454的数值20。

图3-76　　　　　　　　　　　　　　　　　　　　　图3-77

03 在CameraShape1选项卡中，展开Arnold卷展栏，选中Enable DOF选项，即可开启景深效果计算。设置Focus Distance的值为20，Aperture Size的值为0.3，Aperture Blades的值为6，如图3-78所示。

04 设置完成后，渲染场景，渲染结果如图3-79所示。从渲染结果中可以看到较为明显的景深特效。

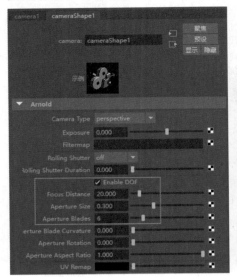
图3-78

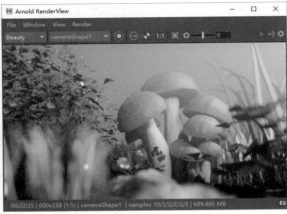
图3-79

技术专题——摄影机Arnold卷展栏参数详解

展开Arnold卷展栏，其中的参数命令如图3-80所示。

命令解析

- Camera Type（摄影机类型）：设置当前摄影机的类型。

- Exposure（曝光）：模拟摄影机的曝光效果，值越大，渲染出来的图像越亮。图3-81所示是该值分别为0和2的渲染结果。

- Filtermap（过滤器贴图）：通过由链接到过滤器贴图的着色器定义的标量确定摄影机采样的权重。

- Rolling Shutter（卷帘快门）：模拟在采用CMOS传感器的数码相机（例如Blackmagic、Alexa、RED、iPhone）镜头中看到的卷帘快门效果类型。

- Rolling Shutter Duration（卷帘快门方向）：指定卷帘快门的发生方向。

- Enable DOF（启用DOF）：开启景深效果计算。图3-82所示是分别开启了景深计算前后的渲染结果。

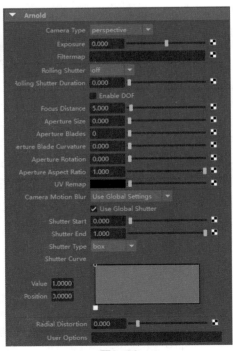
图3-80

图3-81

图3-82

- Focus Distance（聚焦距离）：控制景深的位置，图3-83所示是该值分别为10和20的渲染结果。

图3-83

- Aperture Size（光圈大小）：设置摄影机的光圈，值越小，图像越清晰，反之亦然。图3-84所示是该值分别为0.3和1的渲染结果。

图3-84

- Aperture Blades（光圈叶片）：多边形光圈的叶片（或多边形边）数，数值为0则代表圆形光圈。图3-85所示是该值分别为3和6的渲染结果。

图3-85

- Aperture Blade Curvature（光圈叶片曲率）：多边形光圈边的曲率。值为 0 意味着直边。增加该值，会逐渐产生曲率更大的边，而增加至 1.0 会产生一个完美的圆盘。负值会产生一个"收缩"或星形光圈。图3-86所示是该值分别为0和-2的渲染结果。

图3-86

- Aperture Rotation（光圈旋转）：指定光圈旋转的度数。
- Aperture Aspect Ratio（光圈宽高比）：值大于 1 会产生拉长的散焦效果，令人想起变形镜头，而值小于 1 会产生挤压效果。
- UV Remap（UV 重映射）：该参数会提取一张 2D 置换图像，并使用它对摄影机镜头的渲染输出进行扭曲。
- Camera Motion Blur（摄影机运动模糊）：可用来打开或关闭摄影机运动模糊。默认状态为Use Global Settings（使用全局设置），将使用在Arnold全局渲染设置运动模糊选项卡中的值。当场景中有多个摄影机可能需要或不需要运动模糊时，使用该选项很有用。
- Shutter Start/Shutter End（快门开始/快门结束）：通过更改 Shutter Start 和 Shutter End 参数，可将摄影机的快门范围设置为小于从场景导出的运动模糊范围。
- Shutter Type（快门类型）：应用于时间采样的过滤。默认情况下，采用box（长方体过滤器）选项。
- Shutter Curve（快门曲线）：通过曲线来进行摄影机快门的形状设置。

3.6 渲染及后期处理

01 打开"渲染设置"面板，在"公用"选项卡中，展开"图像大小"卷展栏，将渲染图像的"预设"

设置为HD_720，如图3-87所示。

02 在Arnold Renderer选项卡中，展开Sampling卷展栏，设置Camera（AA）的值为15，提高渲染图像的计算采样精度，如图3-88所示。

图3-87

图3-88

03 设置完成后，渲染场景，渲染结果如图3-89所示。

图3-89

4.1　场景简介

　　本案例通过制作一个潜水艇玩具在海面游动的场景动画效果，来给读者们详细讲解Maya的BOSS海洋模拟系统的使用方法，案例最终完成效果如图4-1所示。

图4-1

4.2　制作逼真的海洋波浪

4.2.1　制作海洋波浪

01 打开Autodesk Maya 2018软件，单击Maya工具架上的"多边形平面"按钮，在场景中以绘制的方式创建一个多边形平面模型。绘制完成后，在"属性编辑器"面板中，调整平面模型的"宽度"和"高度"值分别为100，调整"细分宽度"和"高度细分度"的值也分别为100，如图4-2所示。设置完成后，平面模型如图4-3所示。

　　　　图4-2　　　　　　　　　　　　　　　　图4-3

02 执行菜单栏中的BOSS|"BOSS编辑器"命令，打开BOSS Ripple/Wave Generator对话框，如图4-4所示。

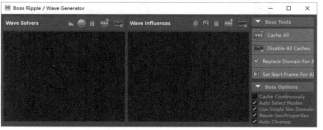

图4-4

03 选择场景中的平面模型，在BOSS Ripple/Wave Generator对话框中，单击

Create Spectral Waves（创建光谱波浪）按钮 ，在"大纲视图"对话框中可以看到，Maya软件即可根据之前所选择的平面模型的大小及细分情况，创建出一个用于模拟区域海洋的新模型，并命名为BossOutput，同时，隐藏场景中原有的多边形平面模型，如图4-5所示。

04 在默认情况下，新生成的BossOutput模型与原有的多边形平面模型一模一样。拖动一下Maya的时间帧，即可看到从第2帧起，BossOutput模型可以模拟出非常真实的海洋波浪运动效果，如图4-6所示。

图4-5

05 在"属性编辑器"面板中打开BossSpectralWave1选项卡，展开"模拟属性"卷展栏，选中"使用水平置换"选项，并调整"波大小"的值为5，如图4-7所示。

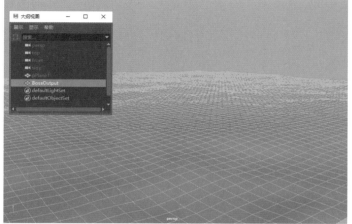

图4-6

图4-7

06 调整完成后，播放场景动画，可以看到模拟出来的海洋波浪效果如图4-8和图4-9所示。

图4-8

图4-9

技巧与提示 提高用于模拟海洋的多边形平面模型的细分值，可以有效提高BOSS海洋波浪模拟的细节程度，细分值越高，海洋波浪的细节显示越丰富。需要注意的是，过高的细分值也会导致计算机模拟海洋波浪计算时间的增加，也可能出现Maya软件因计算量大而导致程序直接弹出的情况。

图4-10和图4-11所示是多边形平面模型的细分值分别为100和500的海洋波浪细节模拟效果。

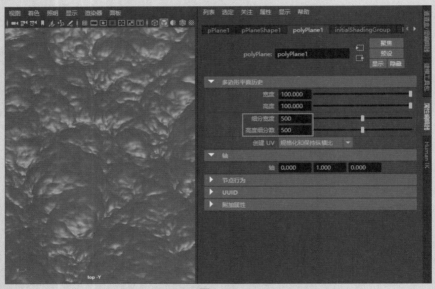

图4-10

图4-11

技术专题——BossSpectralWave1选项卡命令解析

BossSpectralWave1选项卡是用来调整BOSS海洋模拟系统参数的核心部分，由"全局属性""模拟属性""风属性""反射波属性""泡沫属性""缓存属性""诊断"和"附加属性"这8个卷展栏组成，如图4-12所示。

1."全局属性"卷展栏

展开"全局属性"卷展栏，其中的参数命令如图4-13所示。

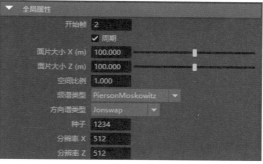

图4-12　　　　　　　　　　　　　　　　　　　　　图4-13

📖 命令解析

● 开始帧：设置BOSS海洋模拟系统开始计算的第一帧。

● 周期：设置在海洋网格上是否重复显示计算出来的波浪图案，默认为选中状态。图4-14所示是
启用了"周期"选项前后的海洋网格显示结果。

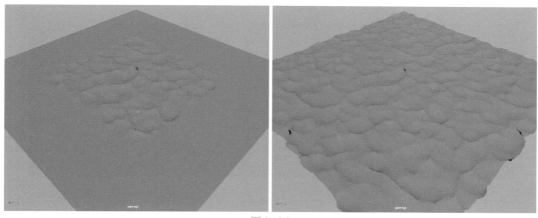

图4-14

● 面片大小X/面片大小Z：设置计算海洋网格表面的纵横尺寸。

● 空间比例：设置海洋网格X和Z方向上面片的线性比例大小。

● 频谱类型/方向谱类型：Maya设置了多种不同的频谱类型/方向谱类型供用户选择，用来模拟不
同类型的海洋表面效果。

● 种子：此值用于初始化伪随机数生成器。更改此值，可生成具有相同总体特征的不同结果。

● 分辨率X/Z：计算波高度的栅格X/Z方向的分辨率。

2."模拟属性"卷展栏

展开"全局属性"卷展栏，其中的参数命令如图4-15
所示。

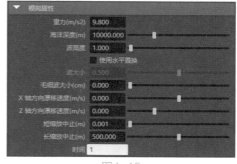

📖 命令解析

● 重力：该值通常使用默认的9.8m/s²即可，值越小，
产生的波浪越高，且移动速度越慢；值越大，产生
的波浪越低，且移动速度越快。可以调整此值以更
改比例。

图4-15

● 海洋深度：用于计算波浪运动的水深。在浅水中，波浪往往较长、较高，且较慢。

● 波高度：波高度的人为倍增。如果值介于 0.0 和 1.0 之间，则降低波高度，如果值大于 1，则增加波高度。图4-16所示是该值分别为1和5的波浪渲染结果。

图4-16

● 使用水平置换：在水平方向和垂直方向置换网格的顶点。这会导致波的形状更尖锐、更不圆滑。它还会生成适合向量置换贴图的缓存，因为 3 个轴上都存在偏移。图4-17所示是分别选中了"使用水平置换"选项前后的渲染结果。

图4-17

● 波大小：控制水平置换量，可调整此值以避免输出网格中出现自相交。图4-18所示是该值分别为5和8的海洋波浪渲染结果。

图4-18

● 毛细波大小：毛细波（曲面张力传播的较小、较快的涟漪，有时可在重力传播的较大波浪顶部看到）的最大波长。毛细波通常仅在比例较小且分辨率较高的情况下可见，因此在许多情况下，可以让此值保留为 0.0，以避免执行不必要的计算。

● X轴方向漂移速度/Z轴方向漂移速度：用于设置X/Z轴方向波浪运动，以使其行为就像是水按指定的速度移动。

● 短缩放中止/长缩放中止：用于设置计算中的最短/最长波长。

- 时间：对波浪求值的时间。在默认状态下，该值背景色为黄色，代表此值直接连接到场景的时间，但用户也可以断开连接，然后使用表达式或其他控件来减慢或加快波浪运动。

3."风属性"卷展栏

展开"风属性"卷展栏，其中的参数命令如图4-19
所示。

图4-19

命令解析

- 风速：生成波浪的风的速度。值越大，波浪越高，越长。图4-20所示是该值分别为4和15的渲染结果。

图4-20

- 风向：生成波浪的风的方向。其中，0 代表-X 方向，90 代表-Z 方向，180 代表 +X 方向，270 代表 +Z 方向。图4-21所示是该值分别为0和180的渲染结果。

图4-21

- 风吹程距离：风应用于水面时的距离。距离较小时，波浪往往会较短、较低，且较慢。图4-22所示是该值分别为2和10的渲染结果。

图4-22

4 "反射波属性" 卷展栏

展开"反射波属性"卷展栏，其中的参数命令如图4-23所示。

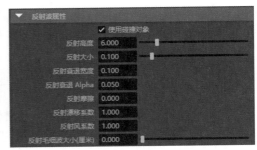

图4-23

📋 命令解析

- 使用碰撞对象：选中该选项，开启海洋与物体碰撞而产生的波纹计算。
- 反射高度：用于设置反射波纹的高度，图4-24所示是该值分别为6和20的波浪计算结果。

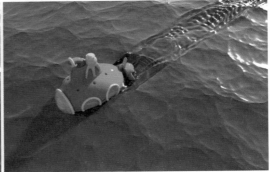

图4-24

- 反射大小：反射波的水平置换量的倍增。可调整此值以避免输出网格中出现自相交。
- 反射衰退宽度：抑制反射波的域边界处区域的宽度。
- 反射衰退Alpha：控制沿面片边界的波抑制的平滑度。
- 反射摩擦：反射波的速度的阻尼因子。值为 0.0 时波自由传播，值为 1.0 时几乎立即使波衰减。
- 反射漂移系数：应用于反射波的"X 轴方向漂移速度（m/s）"和"Z 轴方向漂移速度（m/s）"量的倍增。
- 反射风系数：应用于反射波的"风速（m/s）"量的倍增。
- 反射毛细波大小（厘米）：能够产生反射时涟漪的最大波长。

4.2.2 海洋碰撞模拟

01 执行菜单栏中的"文件"|"导入"命令，如图4-25所示。将本书配套资源文件"潜水艇模型.mb"导入当前海洋场景中。

02 导入完成后，在"大纲视图"面板中，将潜水艇模型的名称更改为qianshuit，如图4-26所示。

03 在"属性编辑器"面板中，展开"变换属性"卷展栏，将鼠标放置到"平移"参数上，右击鼠标，在弹出的快捷菜单中选择"设置关键帧"命令，对潜水艇模型的当前位置设置关键帧，设置完成后，"平移"参数文本框的背景色显示为红色，如图4-27所示。

04 将时间帧的位置移至第80帧，并调整潜水艇模型的位置如图4-28所示，再次对其进行关键帧设置，制作出潜水艇模型的位移动画。

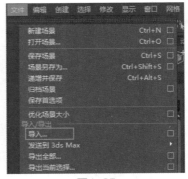

图4-25

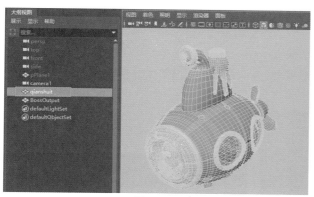
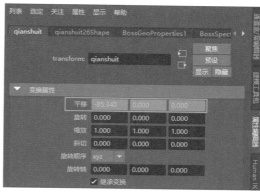

图4-26　　　　　　　　　　　　　　　　图4-27

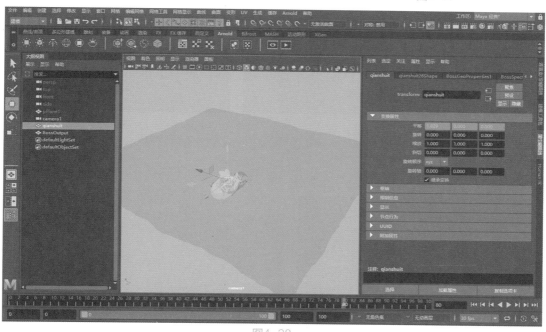

图4-28

05 执行菜单栏中的BOSS|"BOSS编辑器"命令，打开BOSS Ripple/Wave Generator对话框，选择场景中的潜水艇模型，单击Add geo influence to selected solver按钮🐟，设置潜水艇模型参与到海洋波浪的形态计算当中，如图4-29所示。

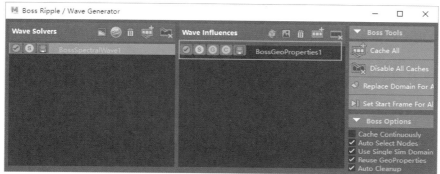

图4-29

06 设置完成后，从场景的第0帧开始播放动画，可以看到随着潜水艇模型的移动，在海洋模型表面上也产生相应的波纹计算，如图4-30所示。

07 接下来，调整海洋模型的细分值，增加海洋的波浪细节。在"大纲视图"中选择隐藏状态的平面模型，在"属性编辑器"面板中，展开"多边形平面历史"卷展栏，调整"细分宽度"和"高度细分数"的值均为500，如图4-31所示。

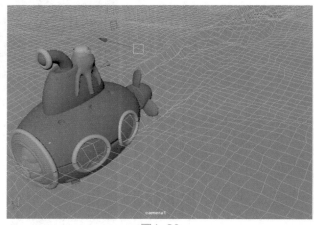
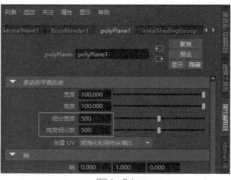

图4-30   图4-31

08 选择场景中的海洋模型，在"属性编辑器"面板中，展开"反射波属性"卷展栏，调整"反射高度"的值为30，如图4-32所示。

09 调整完成后，海洋波浪的细节显示状况如图4-33所示。

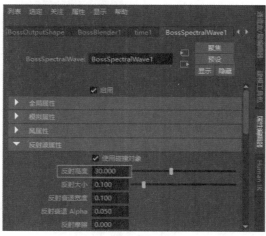

图4-32   图4-33

技术专题——"BOSS Ripple/Wave Generator"对话框命令解析

在菜单栏中执行BOSS|"BOSS编辑器"命令，即可打开BOSS Ripple/Wave Generator对话框，如图4-34所示。

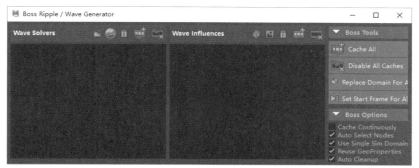

图4-34

命令解析

- ● ：创建波浪解算器。
- ● ：创建光谱解算器。
- ● ：删除选定的解算器。
- ● ：为选定的解算器创建缓存。
- ● ：删除选定的解算器缓存。
- ● ：将所选择的几何体设置为影响到选定的解算器。
- ● ：将EXR图像设置为影响到选定的解算器。
- ● ：删除选定的影响对象。
- ● ：为选定的影响对象创建计算缓存。
- ● ：删除选定的影响对象所产生的计算缓存。

4.3 设置场景主要模型材质

4.3.1 制作海洋材质

在制作海洋材质前，可以先找一些海洋的照片来参考一下真实世界的海洋有哪些特征，图4-35所示为我在同一处海滩拍摄的两张海水照片。从这两幅海水的照片中我们可以看出，由于拍摄角度、不同时间以及天气状况，导致拍摄出来的海水颜色差别较大。因为海水的反射特性较强，其所反映出来的颜色受到周围环境的影响较大，所以我们在Maya软件中调试海洋材质时，应充分考虑到现实海洋的特征、特点，才能制作出尽可能真实的海洋图像渲染结果。

图4-35

本实例中海洋的渲染结果如图4-36所示。

01 在场景中选择墙体模型并右击，在弹出的快捷菜单中执行"指定新材质"命令，在弹出的"指定新材质"对话框中，选择aiStandardSurface材质，如图4-37所示。

图4-36

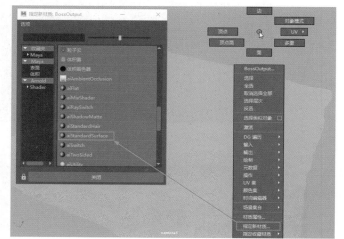

图4-37

02 在"属性编辑器"面板中，重命名材质的名称为haiyang。展开Base卷展栏，设置材质的Color为蓝色，如图4-38所示。

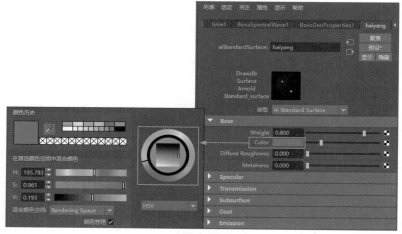

图4-38

03 在Specular卷展栏内，设置Weight的值为1，将Color调试为白色，设置Roughness的值为0.1，制作出海洋材质的高光效果，如图4-39所示。

04 展开Transmission卷展栏，设置Weight的值为0.7，增加海洋材质的通透程度，如图4-40所示。

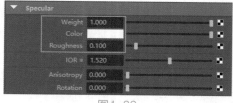

图4-39

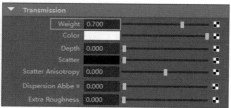

图4-40

05 选择潜水艇模型，展开qianshuitShape选项卡，展开Arnold卷展栏，取消选中Opaque选项，如图4-41所示，这样Arnold渲染器可以计算材质的透明属性。

06 设置完成后，海洋材质球在"材质查看器"中的计算显示结果如图4-42所示。

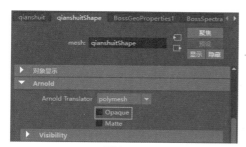

图4-41

图4-42

4.3.2　制作玩具潜水艇塑料材质

本实例中玩具潜水艇塑料材质的渲染结果如图4-43所示。

01 在场景中选择玩具潜水艇模型并右击，进入"面"层级，双击选择潜水艇艇身部分，如图4-44所示。

图4-43

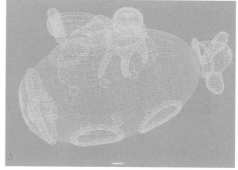

图4-44

02 再次右击，在弹出的快捷菜单中执行"指定新材质"命令，为其指定aiStandardSurface材质，如图4-45所示。

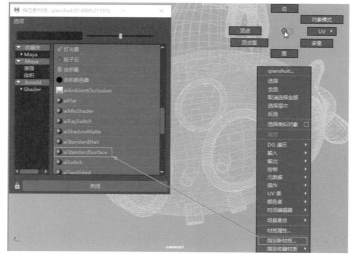

图4-45

03 在"属性编辑器"面板中，重命名当前材质的名称为Q-hong，设置完成后，材质的选项卡名称也会更改为对应的Q-hong名称，如图4-46所示。

04 展开Base卷展栏，设置Color的颜色为红色，调试出潜水艇艇身的基本颜色，如图4-47所示。

图4-46   图4-47

05 展开Specular卷展栏，设置Weight的值为1，将Color调试为白色，设置Roughness的值为0.1，制作出潜水艇材质的高光部分，如图4-48所示。

06 制作完成后的潜水艇艇身材质球在"材质查看器"中的计算显示结果如图4-49所示。

图4-48   图4-49

 本实例中，玩具潜水艇上的塑料颜色除了红色，还有黄色和蓝色，也是使用相同的操作步骤制作完成的，读者可以自行尝试制作出潜水艇模型上的其他颜色材质。

4.3.3 制作玩具潜水艇玻璃材质

本实例中玩具潜水艇上的玻璃材质渲染结果如图4-50所示。

01 在场景中选择玩具潜水艇模型并右击，进入"面"层级，双击选择潜水艇的玻璃部分，如图4-51所示。

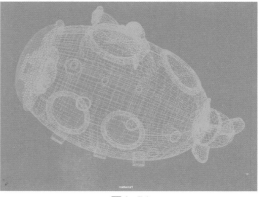

图4-50   图4-51

02 再次右击，在弹出的快捷菜单中执行"指定新材质"命令，为其指定aiStandardSurface材质，如图4-52所示。

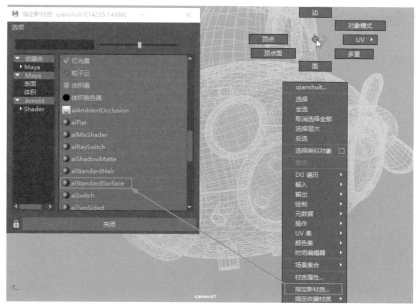

图4-52

03 在"属性编辑器"面板中，重命名当前材质的名称为Q-boli，设置完成后，材质的选项卡名称也会更改为对应的Q-boli，如图4-53所示。

04 展开Base卷展栏，设置Color的颜色为白色，调试出潜水艇玻璃的基本颜色，如图4-54所示。

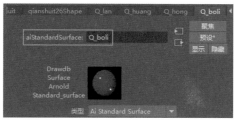

图4-53

图4-54

05 展开Specular卷展栏，设置Weight的值为1，将Color调试为白色，设置Roughness的值为0.1，制作出潜水艇玻璃材质的高光部分，如图4-55所示。

06 制作完成后的潜水艇玻璃材质球在"材质查看器"中的计算显示结果如图4-56所示。

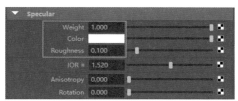

图4-55

图4-56

81

4.4 灯光设置

01 在Arnold工具架中单击Create Physical Sky按钮，在场景中创建一个Arnold渲染器为用户提供的物理天空灯光，如图4-57所示。

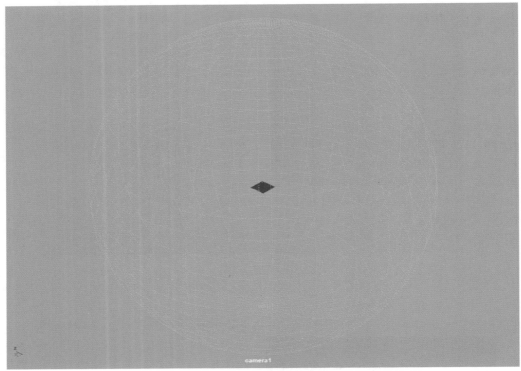

图4-57

02 选择场景中的物理天空对象，将"属性编辑器"切换至aiPhysicalSky选项卡，展开Physical Sky Attributes（物理天空属性）卷展栏，设置Elevation的值为20，Azimuth的值为166，Intensity的值为3，Sun Size的值为5，如图4-58所示。

03 设置完成后，渲染场景，渲染结果如图4-59所示。

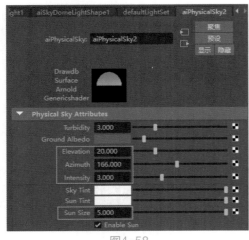

图4-58

图4-59

4.5　渲染及后期处理

01 打开"渲染设置"面板，在"公用"选项卡中，展开"图像大小"卷展栏，将渲染图像的"预设"选择为HD_720，如图4-60所示。

02 在Arnold Renderer选项卡中，展开Sampling卷展栏，设置Camera（AA）的值为10，提高渲染图像的计算采样精度，如图4-61所示。

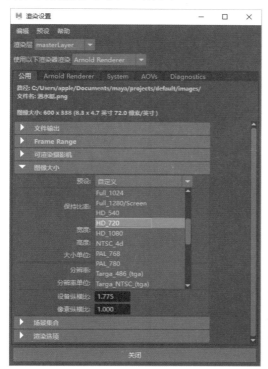

图4-60

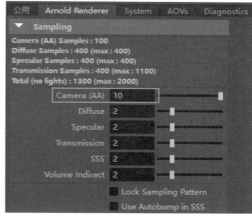

图4-61

03 设置完成后，渲染场景，渲染结果如图4-62所示。

图4-62

04 在Arnold RenderView（Arnold渲染视口）中，单击右上角的齿轮形状按钮，打开Display选项卡，设置Exposure的值为1.5，增加一点渲染图像的亮度，如图4-63所示。

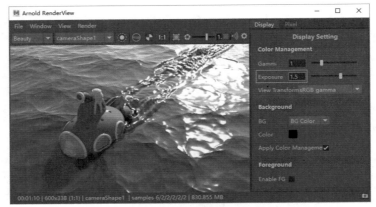

图4-63

05 将View Transform的选项设置为Rec 709 gamma，提高图像的层次感，如图4-64所示。

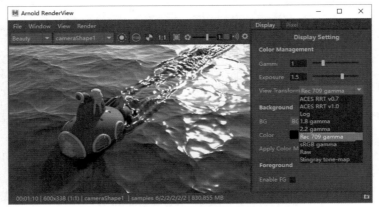

图4-64

06 本实例的最终渲染结果如图4-65所示。

图4-65

5.1　场景简介

本案例通过制作一个天空云层的特写镜头来给读者们详细讲解Maya中流体的使用方法，案例最终完成效果如图5-1所示。

图5-1

5.2　制作云层

5.2.1　创建云层发射器

01 打开Autodesk Maya 2018软件，单击Maya工具架上的"多边形平面"按钮，在场景中以绘制的方式创建一个多边形平面模型。绘制完成后，在"属性编辑器"面板中，调整平面模型的"宽度"和"高度"的值分别为20，调整"细分宽度"和"高度细分度"的值分别为10，如图5-2所示。设置完成后，平面模型如图5-3所示。

图5-2

02 选择创建出来的平面模型并右击，在弹出的快捷菜单中执行"指定新材质"命令，为平面模型添加"表面着色器"材质，如图5-4所示。

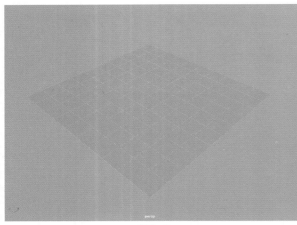

图5-3   图5-4

03 在"属性编辑器"面板中，展开"表面着色器属性"卷展栏，为"输出颜色"属性添加一个"噪波"渲染节点，如图5-5所示。添加完成后，在操作视图上方的工具条上单击"带纹理"按钮，则可以在视图中看到噪波渲染节点的默认贴图效果，如图5-6所示。

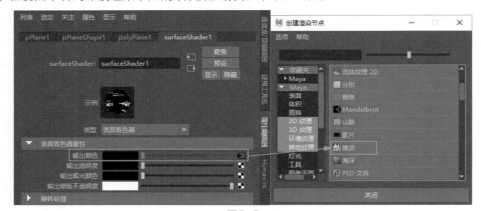

图5-5

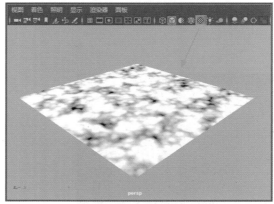

图5-6

04 展开"噪波属性"卷展栏，设置"振幅"的值为3，"比率"的值为0.2，"频率比"的值为1，"频率"的值为2，"密度"的值为0.1，如图5-7所示。

05 设置完成后，在视图中观察"噪波"渲染节点的纹理，如图5-8所示。

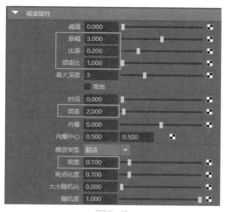
图5-7

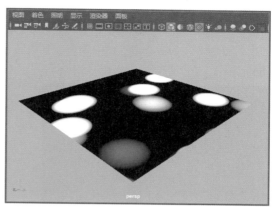
图5-8

06 将"属性编辑器"面板切换至place2dTexture1选项卡，展开"2D纹理放置属性"卷展栏，设置"UV向重复"的值为（3，1），如图5-9所示。

07 设置完成后，在视图中观察"噪波"渲染节点的纹理如图5-10所示。

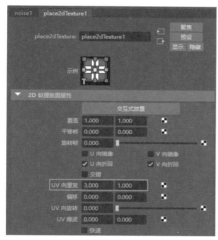
图5-9

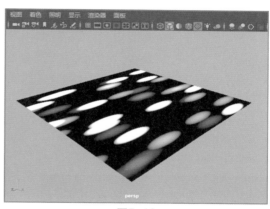
图5-10

08 展开"颜色平衡"卷展栏，为"颜色增益"属性添加"噪波"渲染节点，如图5-11所示，为当前的"噪波"渲染节点设置更多的纹理细节。

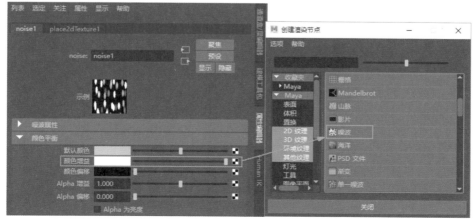
图5-11

09 在自动弹出的noise2选项卡中，展开"噪波属性"卷展栏，设置"振幅"的值为4，"频率"的值为30，将"噪波类型"选项设置为"柏林噪波"，如图5-12所示。

10 接下来，为"噪波"渲染节点的"时间"属性设置表达式，在"时间"属性后面的文本框内输入"=time"后，按下回车键，如图5-13所示。

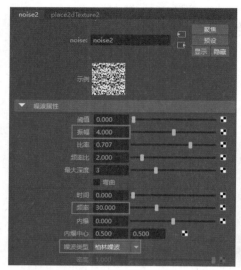

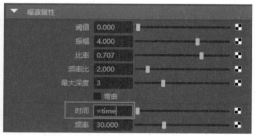

图5-12　　　　　　　　　　图5-13

11 设置完成后，"时间"属性的文本框背景呈紫色显示，如图5-14所示。拖动关键帧，即可在视图中观察到随着关键帧的变化，平面模型上的贴图纹理也在发生改变。

12 设置完纹理贴图的平面模型如图5-15所示。

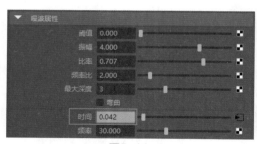

图5-14

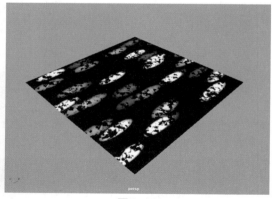

图5-15

13 将工具架切换至FX工具架，单击"具有发射器的3D流体容器"图标，如图5-16所示。在场景中将自动创建一个具有发射器的3D流体容器。

图5-16

14 创建完成后，在"大纲视图"面板中可以看到新生成的流体容器和发射器，如图5-17所示。

15 在"大纲视图"面板中选择流体发射器的名称，按下Delete键，将其删除。然后，同时，选择场景中的平面模型和流体容器，在FX工具架上单击"从对象发射流体"图标，将平面模型设置为流体容器的发射器，如图5-18所示。

16 选择3D流体容器，在"属性编辑器"面板中展开"容器特性"卷展栏，设置"基本分辨率"的值为100，"大小"的值为（20，5，20），如图5-19所示。

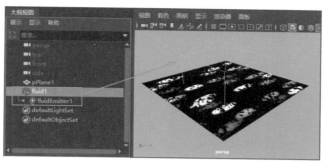

图5-17

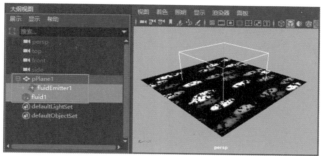

图5-18

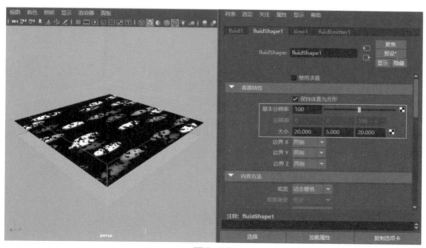

图5-19

17　展开"内容方法"卷展栏，将"温度"和"燃料"设置为"动态栅格"选项，如图5-20所示。

18　展开"动力学模拟"卷展栏，将"高细节解算"设置为"所有栅格"选项，如图5-21所示。

图5-20

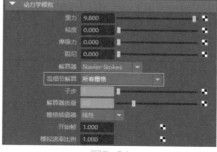

图5-21

19 将"属性编辑器"面板切换至fluidEmitter1选项卡,展开"流体属性"卷展栏,将时间帧设置到第10帧,设置"密度/体素/秒"的值为50,将鼠标放置于该参数上右击,在弹出的快捷菜单中执行"设置关键帧"命令,如图5-22所示。

20 设置完成后,"密度/体素/秒"参数的文本框背景色显示为红色,如图5-23所示。

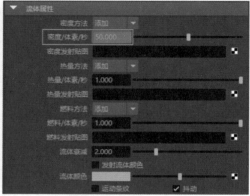

图5-22　　　　　　　　　　　　　　　　图5-23

21 以相同的步骤将"热量/体素/秒"的值更改为15,并为其设置关键帧;将"燃料/体素/秒"的值更改为15,并为其设置关键帧,设置完成后,如图5-24所示。

22 将时间帧设置到场景的第11帧,设置"密度/体素/秒""热量/体素/秒"和"燃料/体素/秒"的值均为0,并分别对这3个参数设置关键帧,如图5-25所示。

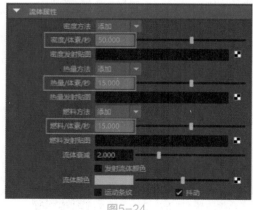

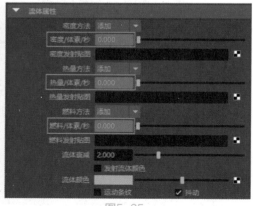

图5-24　　　　　　　　　　　　　　　　图5-25

23 播放场景动画,当时间帧为第11帧时,观察场景,可以看到平面所产生的流体效果如图5-26所示。

24 在"密度发射贴图""热量发射贴图"和"燃料发射贴图"参数后面的本文框内输入"noise1",并按下回车键,如图5-27所示。这样,就可以使用之前所设置的"噪波"渲染节点来控制流体云的生成效果了。

25 再次重新播放场景动画,当时间帧为第11帧时,观察场景,可以看到平面所产生的流体效果如图5-28所示。

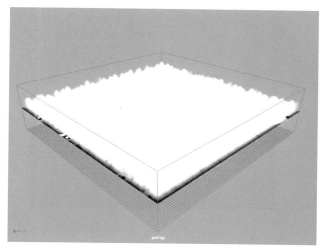

图5-26

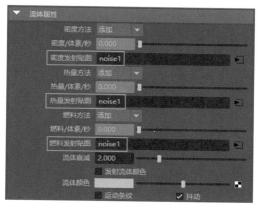

图5-27

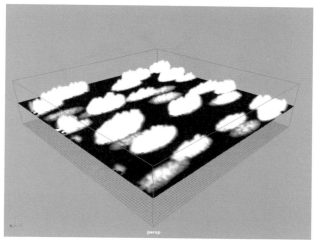

图5-28

26　选择3D流体容器，在"属性编辑器"面板中，调整"平移"参数至图5-29所示，适当提高3D流体容器的位置。

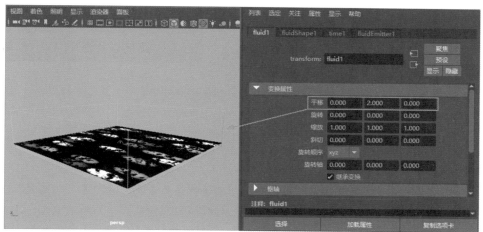

图5-29

27 播放场景动画，当时间帧为20帧时，平面所产生的流体效果如图5-30所示。

28 选择3D流体容器，展开"容器特性"卷展栏，设置"基本分辨率"的值为300，如图5-31所示。

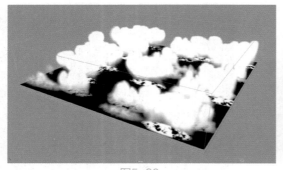

图5-30

图5-31

29 播放场景动画，当时间帧为20帧时，平面所产生的流体效果如图5-32所示。

图5-32

技术专题——"容器特性"卷展栏命令解析

展开"容器特性"卷展栏，其中的命令参数如图5-33所示。

图5-33

命令解析

● 保持体素为方形：该选项处于启用状态时，可以使用"基本分辨率"属性来同时调整流体X、Y和Z的分辨率。

● 基本分辨率：如果"保持体素为方形"处于启用状态时可用。"基本分辨率"定义容器沿流体最大轴的分辨率。沿较小维度的分辨率将减少，以保持方形体素。"基本分辨率"的值越大，容器的栅格越密集，计算精度越高，图5-34所示是该值分别为10和30的栅格密度显示。

● 分辨率：以体素为单位定义流体容器的分辨率。

● 大小：以cm为单位定义流体容器的大小。

● 边界X/Y/Z：用来控制流体容器的边界处处理特性值的方式，有"无""两侧""-X/Y/Z侧""X/Y/Z侧"和"折回"这几种方式可选，如图5-35所示。

> 无：使流体容器的所有边界保持开放状态，以便流体行为就像边界不存在一样。图5-36所示分别为在"边界Y"方向上设置"无"的前后效果。

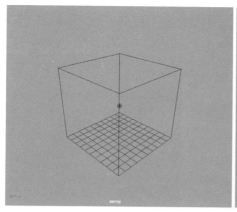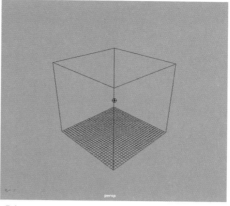

图5-34

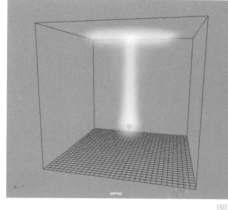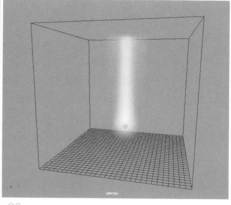

图5-35　　　　　　　　　　　　　　　　　　　　　图5-36

> 两侧：关闭流体容器的两侧边界，以便它们类似于两堵墙。
> -X/Y/Z侧：分别关闭 -X、-Y 或 -Z 边界，从而使其类似于墙。
> X/Y/Z侧：分别关闭 X、Y 或 Z 边界，从而使其类似于墙。
> 折回：导致流体从流体容器的一侧流出，在另一侧进入。如果需要一片风雾，但又不希望在流动区域不断补充"密度"，将会非常有用，图5-37所示分别为在"边界X"上设置了"两侧"和"折回"的前后效果。

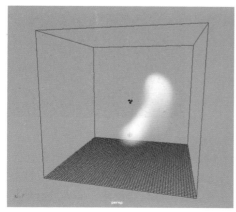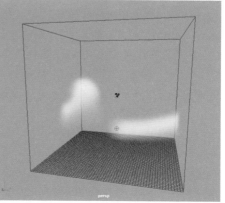

图5-37

技术专题——"内容方法"卷展栏命令解析

展开"内容方法"卷展栏，其中的命令参数如图5-38所示。

图5-38

命令解析

- 密度/速度/温度/燃料：分别有"禁用（零）""静态栅格""动态栅格"和"渐变"这几种方式选择，用来控制这4个属性。
  - ➢ 禁用（零）：在整个流体中将特性值设定为0。设定为"禁用"时，该特性对动力学模拟没有效果。
  - ➢ 静态栅格：为特性创建栅格，允许用户用特定特性值填充每个体素，但是它们不能由于任何动力学模拟而更改。
  - ➢ 动态栅格：为特性创建栅格，允许用户使用特定特性值填充每个体素，以便用于动力学模拟。
  - ➢ 渐变：使用选定的渐变以便用特性值填充流体容器。
- 颜色方法：只在定义了"密度"的位置显示和渲染，有"使用着色颜色""静态栅格"和"动态栅格"3种方式可选。
- 衰减方法：将衰减边添加到流体的显示中，以避免流体出现在体积部分中。

技术专题——"动力学模拟"卷展栏命令解析

展开"动力学模拟"卷展栏，其中的命令参数如图5-39所示。

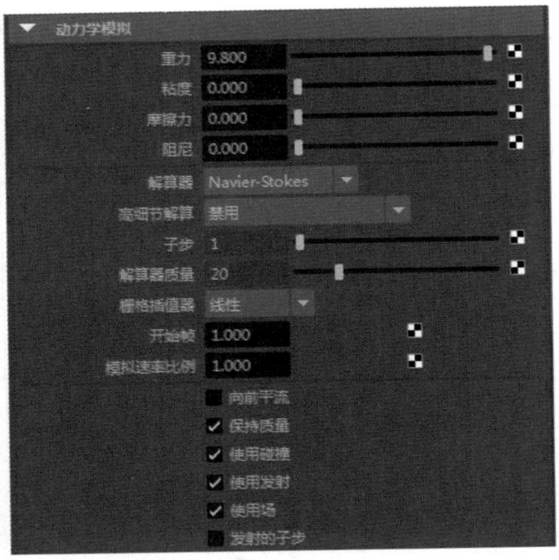

命令解析

- 重力：用来模拟流体所受到的地球引力。
- 粘度：表示流体流动的阻力，或材质的厚度及非液态程度。该值很高时，流体像焦油一样流动；该值很小时，流体像水一样流动。
- 摩擦力：定义在"速度"解算中使用的内部摩擦力。
- 阻尼：在每个时间步上定义阻尼接近零的"速度"分散量。值为1时，流完全被抑制。当边界处于开放状态以防止强风逐渐增大并导致不稳定性时，少量的阻尼可能会很有用。

图5-39

- 解算器：Maya所提供的解算器有"无"、Navier-Stokes和"弹簧网格"3种可选。使用Navier-Stokes解算器适用来模拟烟雾流体动画，使用"弹簧网格"解算器则适合用来模拟水面波浪动画。
- 高细节解算：此选项可减少模拟期间密度、速度和其他属性的扩散。例如，它可以在不增加分辨率的情况下，使流体模拟看起来更详细，并允许模拟翻滚的漩涡。"高细节解算"非常适用于创建爆炸、翻滚的云和巨浪似的烟雾等效果。

- 子步：指定解算器在每帧执行计算的次数。
- 解算器质量：提高"解算器质量"会增加解算器计算流体的不可压缩性所使用的步骤数。这种计算称为"泊松"解算，通常是解算中计算最密集的部分。降低"解算器质量"会导致具有更多扩散的不太详细的模拟。
- 栅格插值器：选择要使用哪种插值算法以便从体素栅格内的点检索值。
- 开始帧：设定在哪个帧之后开始流模拟。
- 模拟速率比例：缩放在发射和解算中使用的时间步。

5.2.2　丰富流体云的细节

01 选择3D流体容器，在"属性编辑器"面板中展开"速度"卷展栏，设置"漩涡"的值为5，"噪波"的值为0.5，如图5-40所示。

02 展开"温度"卷展栏，设置"湍流"的值为5，如图5-41所示。

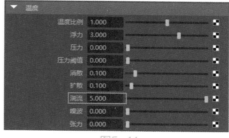

图5-40　　　　　　　　　　　　　图5-41

03 展开"白炽度"卷展栏，设置"白炽度"的颜色为灰色，并设置"白炽度输入"的方式为"恒定"，如图5-42所示。

04 展开"着色质量"卷展栏，设置"质量"的值为4，如图5-43所示。

图5-42　　　　　　　　　　　　　图5-43

05 展开"照明"卷展栏，选中"自阴影"选项，开启流体的自阴影计算，如图5-44所示。

06 设置完成后，播放场景动画，当时间帧为20帧时，平面所产生的流体云效果如图5-45所示。

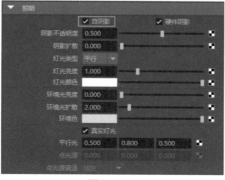
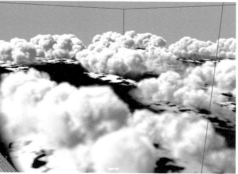

图5-44　　　　　　　　　　　　　图5-45

技术专题——"速度"卷展栏命令解析

展开"速度"卷展栏，其中的命令参数如图5-46所示。

图5-46

命令解析

● 速度比例：根据流体的X/Y/Z方向来缩放速度。

● 漩涡：在流体中生成小比例漩涡和涡流，图5-47所示是该值分别为2和10时的流体动画效果。

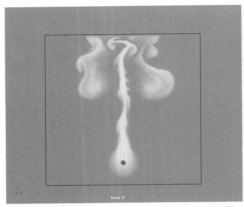 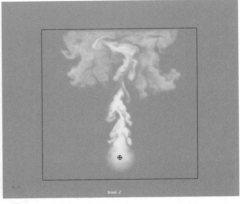

图5-47

● 噪波：对速度值应用随机化以便在流体中创建湍流，图5-48所示是该值分别为0.5和2时的流体动画效果。

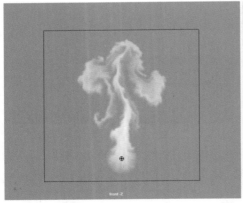 

图5-48

技术专题——"温度"卷展栏命令解析

展开"温度"卷展栏，其中的命令参数如图5-49所示。

命令解析

● 温度比例：与容器中定义的"温度"值相乘得到流体动画效果。

- 浮力：解算定义内置的浮力强度。
- 压力：模拟由于气体温度增加而导致的压力的增加，从而使流体快速展开。
- 压力阈值：指定温度值，达到该值时将基于每个体素应用"压力"。对于温度低于"压力阈值"的体素，不应用"压力"。
- 消散：定义"温度"在栅格中逐渐消散的速率。
- 扩散：定义"温度"在"动态栅格"中的体素之间扩散的速率。
- 湍流：应用于"温度"的湍流上的乘数。
- 噪波：随机化每个模拟步骤中体素的温度值。
- 张力：将温度推进到圆化形状，从而使温度边界在流体中更明确。

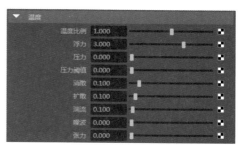

图5-49

技术专题——"照明"卷展栏命令解析

展开"照明"卷展栏，其中的命令参数如图5-50所示。

命令解析

- 自阴影：启用此选项可计算自身阴影，图5-51所示分别为选中了该选项前后的流体显示结果。
- 硬件阴影：启用此选项，以便在模拟期间（硬件绘制）使流体实现自身阴影效果（流体将阴影投射到自身）。
- 阴影不透明度：使用此属性可使流体投射的阴影变亮或变暗。
- 阴影扩散：控制流体内部阴影的柔和度，以模拟局部灯光散射。
- 灯光类型：设定在场景视图中显示流体时，与流体一起使用的内部灯光类型。
- 灯光亮度：设定流体内部灯光的亮度，图5-52所示是该值分别为1和3的流体显示结果。

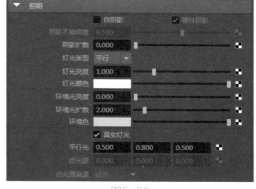

图5-50

图5-51

图5-52

- 灯光颜色：设定流体内部灯光的颜色，图5-53所示分别是"灯光颜色"设置为不同颜色后的流体显示结果。

图5-53

- 环境光亮度：设定流体内部环境光的亮度。
- 环境光扩散：控制环境光如何扩散到流体密度。
- 环境色：设定内部环境光的颜色。
- 真实灯光：使用场景中的灯光进行渲染。
- 平行光：设置流体内部平行光的 X、Y 和 Z 构成。
- 点光源：设置流体内部点光源的 X、Y 和 Z 构成。

5.2.3　使用场来调整流体云的形状

01 选择场景中的3D流体容器，执行菜单栏"字段/解算器"下的"空气"命令，为3D流体容器添加"空气"场，如图5-54所示。

02 在"属性编辑器"面板中，展开"空气场属性"卷展栏，设置"幅值"的值为50，调整"方向"的值为（0，0，1），如图5-55所示。

03 由于添加了"空气"场会使得一部分流体与3D流体容器的边界框产生碰撞，从而使得3D流体容器边缘的云有可能产生不自然的效果。所以，还应该再次选择场景中的3D流体容器，展开"容器特性"卷展栏，设置"边界X""边界Y"和"边界Z"的选项均为"无"，这样就可以避免3D流体容器边缘产生流体被碰撞的效果，如图5-56所示。

图5-54

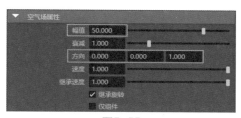

图5-55

图5-56

04 设置完成后，播放场景动画，当时间帧为20帧时，平面所产生的流体云效果如图5-57所示。

05 在"大纲视图"中选择流体发射器，在其"属性编辑器"面板中的fluidEmitter1选项卡中，展开"流体发射湍流"卷展栏，设置"湍流"的值为1，如图5-58所示。

图5-57

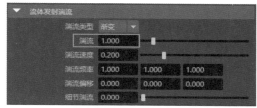

图5-58

06 展开"发射速度属性"卷展栏，设置"速度方法"的选项为"替换"，如图5-59所示。

07 设置完成后，播放场景动画，当时间帧为20帧时，平面所产生的流体云效果如图5-60所示。

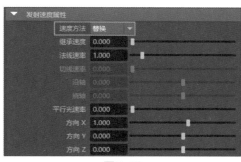

图5-59

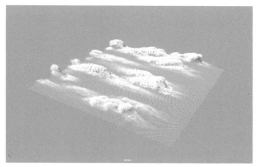

图5-60

08 展开"显示"卷展栏，将"边界绘制"的选项设置为"边界框"，如图5-61所示。这样，可以隐藏3D流体容器的栅格显示，使得我们更易于观察流体的形态，如图5-62所示。

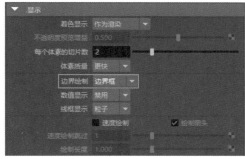

图5-61

图5-62

技术专题——"显示"卷展栏命令解析

展开"显示"卷展栏，其中的命令参数如图5-63所示。

图5-63

命令解析

- 着色显示：定义当 Maya 处于着色显示模式时，流体容器中显示哪些流体特性。

- 不透明度预览增益：当"着色显示"设置为"密度""温度""燃料"等选项时，激活该设置，用于调节硬件显示的"不透明度"。

- 每个体素的切片数：定义当 Maya 处于着色显示模式时每个体素显示的切片数。切片是值在单个平面上的显示。较高的值会产生更多的细节，但会降低屏幕绘制的速度。默认值为2。最大值为12。

- 体素质量：该值设定为"更好"，在硬件显示中显示质量会更高。如果将其设定为"更快"，显示质量会较低，但绘制速度会更快。

- 边界绘制：定义流体容器在 3D 视图中的显示方式，有"底""精简""轮廓""完全""边界框"和"无"这6个选项可选，如图5-64所示。图5-65所示分别为这6种方式的容器显示效果。

图5-64

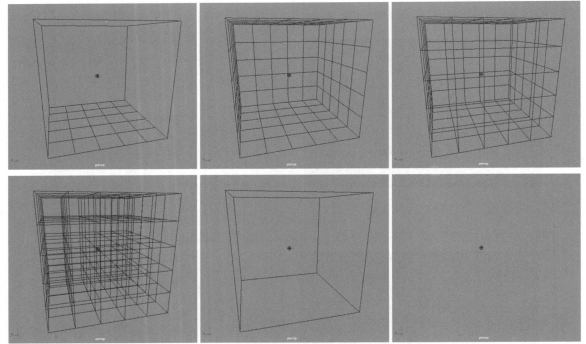

图5-65

- 数值显示：在"静态栅格"或"动态栅格"的每个体素中显示选定特性（"密度""温度"或"燃料"）的数值。图5-66所示是开启了"密度"数值显示前、后的屏幕效果。

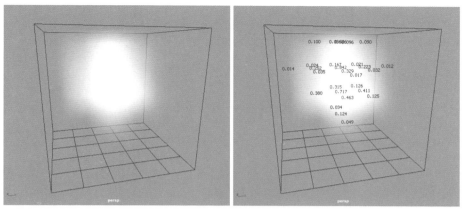

图5-66

- 线框显示：用于设置流体处于线框显示下的显示方式，有"禁用""矩形"和"粒子"3种可选，图5-67所示为"线框显示""矩形"和"粒子"的显示效果对比。

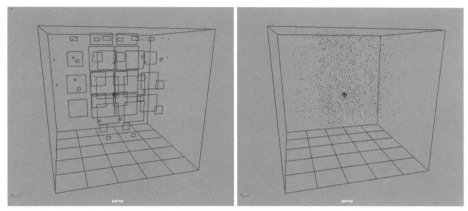

图5-67

- 速度绘制：启用此选项可显示流体的速度向量，图5-68所示分别为不同"基本分辨率"下的流体速度显示效果。

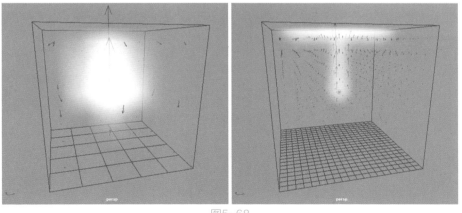

图5-68

- 绘制箭头：启用此选项可在速度向量上显示箭头。禁用此选项可提高绘制速度和减少视觉混乱，图5-69所示分别为该选项选中前后的显示效果。

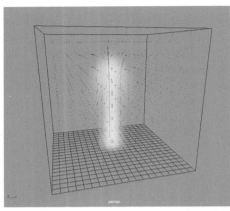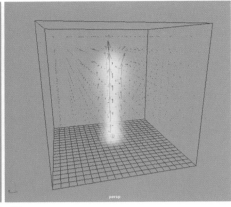

图5-69

- 速度绘制跳过：增加该值可减少所绘制的速度箭头数。如果该值为1，则每隔一个箭头省略（或跳过）一次。如果该值为零，则绘制所有箭头。在使用高分辨率的栅格上增加该值可减少视觉混乱。
- 绘制长度：定义速度向量的长度（应用于速度幅值的因子）。值越大，速度分段或箭头就越长。对于具有非常小的力的模拟，速度场可能具有非常小的幅值。在这种情况下，增加该值将有助于可视化速度流。

5.3 导入场景模型

01 执行菜单栏中的"文件"|"导入"命令，如图5-70所示。将本书配套资源文件"飞机模型.mb"导入当前场景文件中。

02 导入完成后，在"大纲视图"面板中，将飞机模型的名称更改为feiji，如图5-71所示。

图5-70

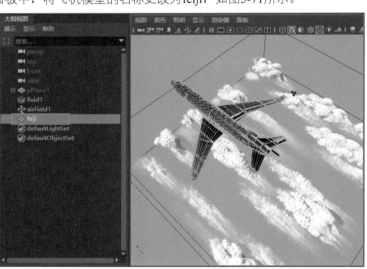

图5-71

03 在"渲染"工具架中单击"创建摄影机"图标，在场景中创建一个摄影机，如图5-72所示。

04 执行"视口"菜单栏中的"面板"|"透视"|camera1命令，

图5-72

将当前视图切换至摄影机视图，如图5-73所示。切换完成后，视图的下方会出现英文提示，如图5-74所示。

图5-73

05 接下来，调整摄影机视图的角度至如图5-75所示。

图5-74

图5-75

5.4　制作飞机机身材质

本实例中飞机的机身材质具有一定的金属特性，其渲染结果如图5-76所示。

01 选择飞机模型并右击，在弹出的快捷菜单中执行"指定新材质"命令，在弹出的"指定新材质：feiji"对话框中选择aiStandardSurface材质，如图5-77所示。

02 在"属性编辑器"面板中，重命名当前材质的名称

图5-76

为feiji2,如图5-78所示。

 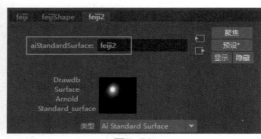

图5-77　　　　　　　　　　　图5-78

03　展开Base卷展栏,设置Metalness的值为1,提高材质的金属特性。单击Color属性后的方形按钮,在弹出的"创建渲染节点"对话框中选择"文件"选项,为当前属性添加"文件"渲染节点,如图5-79所示。

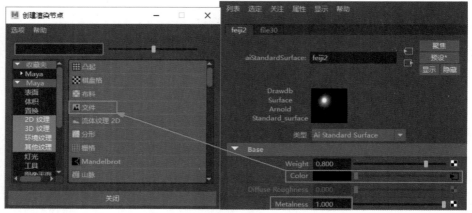

图5-79

04　展开"文件属性"卷展栏,单击"图像名称"后面的文件夹按钮,可以浏览本书配套资源所提供的"plane.jpg"文件来模拟飞机材质的表面纹理,如图5-80所示。

05　展开Specular卷展栏,设置Roughness的值为0.4,制作出飞机材质的高光效果,如图5-81所示。

 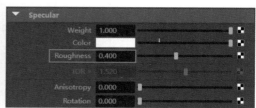

图5-80　　　　　　　　　　　图5-81

06 制作完成后的飞机材质球在"材质查看器"中的计算显示结果如图5-82所示。

图5-82

5.5 制作天空照明

01 在Arnold工具架中单击Create Physical Sky按钮。在场景中创建一个Arnold渲染器为用户提供的物理天空灯光，如图5-83所示。

图5-83

02 渲染场景，添加了物体天空灯光的默认照明渲染结果如图5-84所示。

03 在"属性编辑器"面板中，展开Physical Sky Attributes卷展栏，设置Elevation的值为8，Azimuth的值为60，Intensity的值为3，如图5-85所示。

04 设置完成后，渲染场景，渲染结果如图5-86所示。

图5-84

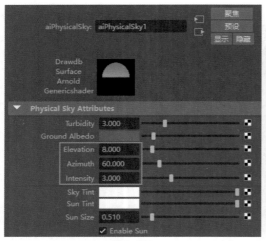

图5-85

图5-86

5.6 渲染及后期处理

01 打开"渲染设置"面板，在"公用"选项卡中，展开"图像大小"卷展栏，将渲染图像的"预设"设置为HD_720，如图5-87所示。

02 在Arnold Renderer选项卡中，展开Sampling卷展栏，设置Camera（AA）的值为10，提高渲染图像的计算采样精度，如图5-88所示。

图5-87   图5-88

03 在Arnold RenderView（Arnold渲染视口）中，单击右上角的齿轮形状按钮，打开Display选项卡，设置Exposure的值为1.2，增加一点渲染图像的亮度，如图5-89所示。

04 将View Transform的选项设置为Rec 709 gamma，提高图像的层次感，如图5-90所示。

05 本实例的最终渲染结果如图5-91所示。

图5-89

图5-90

图5-91

6.1　场景简介

　　本案例通过制作一个室内空间表现场景来给读者们详细讲解Maya中常见的家装材质及室内灯光的设置技巧，本章节案例的最终完成效果如图6-1所示，线框效果图如图6-2所示。

图6-1

图6-2

6.2　模型检查

　　在对模型进行材质制作之前，通常需要我们先检查一下场景模型来查看模型是否有重面、破面及漏光现象，主要设置步骤如下。

01　启动Maya软件，打开本书配套场景文件"简约客厅.mb"，如图6-3所示。

02　在"透视视图"中，选择场景中的所有模型，按住Shift键，在场景中减选掉玻璃模型和背景模型，如图6-4所示。

03　右击，在弹出的快捷菜单中执行"指定新材质"命令，为场景模型添加aiStandardSurface材质，如图6-5所示。

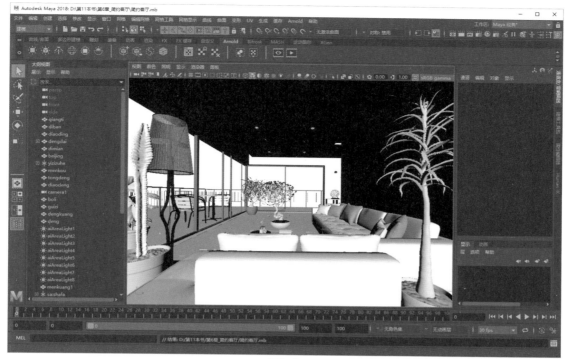

图6-3

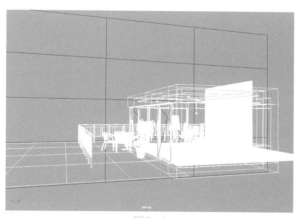

图6-4

图6-5

04 首先，我们将aiStandardSurface材质球的颜色设置为纯白色。在"属性编辑器"面板中，展开Base 卷展栏，可以看到Color的颜色在默认状态下为白色，接下来，只需要将Weight的值由默认的0.8更 改为1，就可以使得aiStandardSurface材质颜色的权重完全由Color属性来控制，如图6-6所示。

05 展开Specular卷展栏，设置Weight的值为0，取消材质的高光计算，如图6-7所示。

图6-6

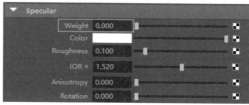

图6-7

06 设置完成后，在Arnold工具架上单击"渲染"图标▶️，渲染场景，如图6-8所示。

图6-8

07 通过渲染结果可以查看场景中的模型是否正确，本实例的白模渲染结果如图6-9所示。

图6-9

6.3 制作模型材质

本实例中涉及的主要材质有沙发布料材质、地板材质、不锈钢金属材质、白色墙体材质、金色背景墙材质、陶瓷花盆材质、花盆泥土材质、植物叶片材质、环境材质和玻璃瓶子材质。

6.3.1 制作沙发布料材质

本实例中的沙发材质主要表现为浅色的布料纹理质感，渲染结果如图6-10所示。

图6-10

01 在场景中选择沙发模型并右击，在弹出的快捷菜单中执行"指定新材质"命令，在弹出的"指定新材质"对话框中选择aiStandardSurface材质，如图6-11所示。

图6-11

02 在"属性编辑器"面板中，将材质名称更改为shafa，如图6-12所示。

03 展开Base卷展栏，设置Weight的值为1，如图6-13所示。

图6-12

图6-13

04 接下来，制作沙发材质的凹凸效果。展开Geometry卷展栏，在Bump Mapping的贴图通道上添加一个"文件"渲染节点，如图6-14所示。

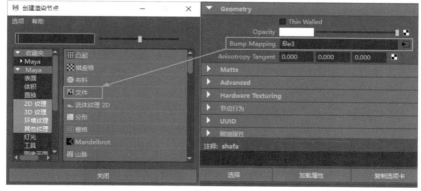

图6-14

05 在"文件属性"卷展栏中，单击"图像名称"后面的文件夹按钮，浏览并添加本书配套资源"布纹凹凸.jpg"贴图文件，用来控制沙发材质表面的凹凸纹理，如图6-15所示。

06 在bump2d1选项卡中，展开"2D凹凸属性"卷展栏，设置"凹凸深度"的值为0.05，用来控制材质凹凸的程度，如图6-16所示。

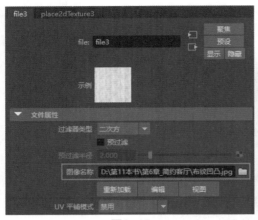

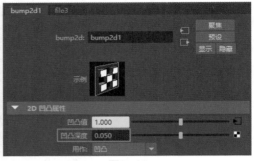

图6-15　　　　　　　　　图6-16

07　展开Specular卷展栏，设置Roughness的值为0，取消沙发布料材质的高光效果计算，如图6-17所示。

08　制作完成后的沙发布料材质球显示结果如图6-18所示。

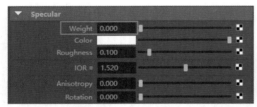

图6-17　　　　　　　　　图6-18

6.3.2　制作地板材质

本实例中所要表现的地板材质，其渲染结果如图6-19所示。

01　在场景中选择地板模型并右击，在弹出的快捷菜单中执行"指定新材质"命令，在弹出的"指定新材质"对话框中选择aiStandardSurface材质，并重命名为diban1，如图6-20所示。

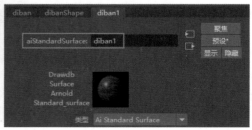

图6-19　　　　　　　　　图6-20

02 在"属性编辑器"面板中，展开Base卷展栏，在Color的贴图通道上添加一个"文件"渲染节点，如图6-21所示。

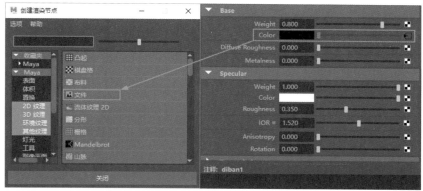

图6-21

03 在"文件属性"卷展栏中，单击"图像名称"后面的文件夹按钮，浏览并添加本书配套资源"地板贴图.png"贴图文件，制作出地板材质的表面纹理，如图6-22所示。

04 展开Specular卷展栏，设置Roughness的值为0.35，设置材质的镜面反射光泽度，可以控制地板的高光亮度，如图6-23所示。

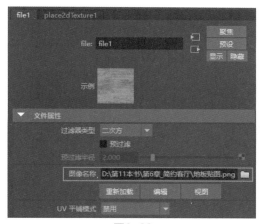

图6-22

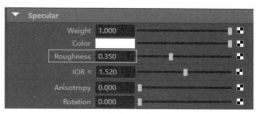

图6-23

05 制作完成后的地板材质球显示结果如图6-24所示。

图6-24

6.3.3 制作不锈钢金属材质

本实例中的不锈钢金属材质渲染结果如图6-25所示。

01 在场景中选择落地灯的灯架模型并右击，在弹出的快捷菜单中执行"指定新材质"命令，在弹出的"指定新材质"对话框中选择aiStandardSurface材质，并重命名为jinshu1，如图6-26所示。

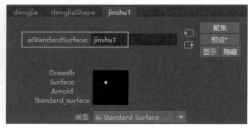

图6-25 图6-26

02 在"属性编辑器"面板中，展开Base卷展栏，设置Metalness的值为1，增加材质的金属质感。展开Specular卷展栏，设置Color的颜色为浅灰色，设置Roughness的值为0.1，如图6-27所示。

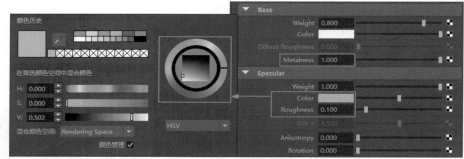

图6-27

03 制作完成后的不锈钢金属材质球显示结果如图6-28所示。

图6-28

6.3.4 制作白色墙体材质

本实例中的墙体颜色主要表现为白色的乳胶漆效果，渲染结果如图6-29所示。

01　在场景中选择墙体模型并右击，在弹出的快捷菜单中执行"指定新材质"命令，在弹出的"指定新材质"对话框中选择aiStandardSurface材质，并重命名为baiqiang，如图6-30所示。

图6-29

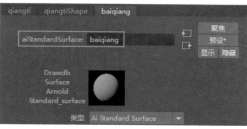

图6-30

02　在"属性编辑器"面板中，展开Base卷展栏，设置Weight的值为1。展开Specular卷展栏，设置Weight的值为0，如图6-31所示。

03　制作完成后的墙体材质球显示结果如图6-32所示。

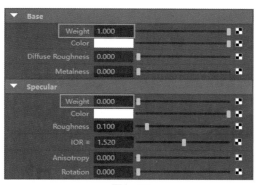

图6-31

图6-32

6.3.5　制作金色背景墙材质

本实例中的金色背景墙材质渲染结果如图6-33所示。

01　在场景中选择背景墙体模型并右击，在弹出的快捷菜单中执行"指定新材质"命令，在弹出的"指定新材质"对话框中选择aiStandardSurface材质，并重命名为jinseqiang，如图6-34所示。

图6-33

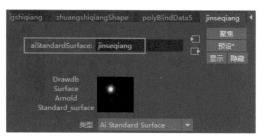

图6-34

02　本实例中的金色背景墙具有一定的金属质感，所以在"属性编辑器"面板中，展开Base卷展栏，设置材质的Color为黄色，设置Metalness的值为1，增加材质的金属质感。展开Specular卷展栏，设置Roughness的值为0.3，增加材质的模糊反射效果，如图6-35所示。

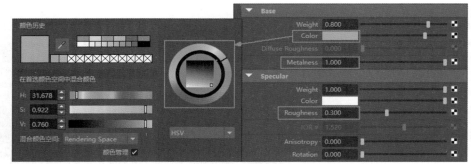

图6-35

03 制作完成后的金色背景墙体材质球显示结果如图6-36所示。

图6-36

6.3.6 制作陶瓷花盆材质

本实例中的陶瓷花盆材质渲染结果如图6-37所示。

01 在场景中选择桌面上的花盆模型并右击，在弹出的快捷菜单中执行"指定新材质"命令，在弹出的"指定新材质"对话框中选择aiStandardSurface材质，并重命名为huapen1，如图6-38所示。

图6-37

图6-38

02 在"属性编辑器"面板中,展开Base卷展栏,在Color的贴图通道上添加一个"文件"渲染节点,如图6-39所示。

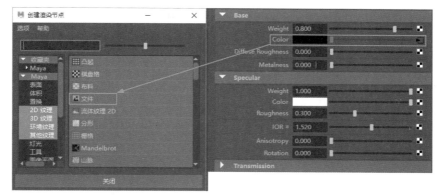

图6-39

03 在"文件属性"卷展栏中,单击"图像名称"后面的文件夹按钮,浏览并添加本书配套资源"花盆-2.jpg"贴图文件,制作出花盆材质的表面纹理,如图6-40所示。

04 展开Specular卷展栏,设置Roughness的值为0.3,设置材质的镜面反射光泽度,可以控制花盆的高光亮度,如图6-41所示。

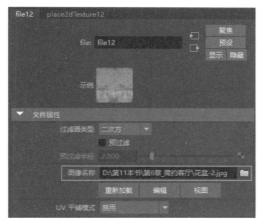

图6-40

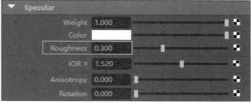

图6-41

05 制作完成后的陶瓷花盆材质球显示结果如图6-42所示。

图6-42

6.3.7 制作花盆泥土材质

本实例中的花盆泥土材质渲染结果如图6-43所示。

01 在场景中选择花盆泥土模型并右击，在弹出的快捷菜单中执行"指定新材质"命令，在弹出的"指定新材质"对话框中选择aiStandardSurface材质，并重命名为huatu1，如图6-44所示。

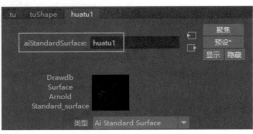

图6-43   图6-44

02 在"属性编辑器"面板中，展开Base卷展栏，在Color的贴图通道上添加一个"文件"渲染节点，如图6-45所示。

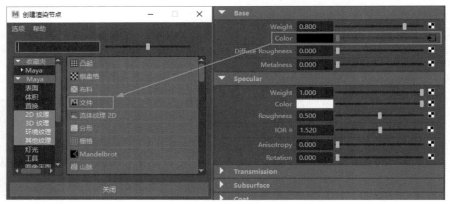

图6-45

03 在"文件属性"卷展栏中，单击"图像名称"后面的文件夹按钮，浏览并添加本书配套资源"花土.jpg"贴图文件，制作出花盆材质的表面纹理，如图6-46所示。

04 展开Specular卷展栏，设置Roughness的值为0.5，设置材质的镜面反射光泽度，可以控制泥土的高光亮度，如图6-47所示。

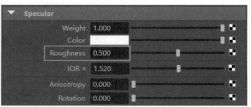

图6-46   图6-47

05 制作完成后的花盆泥土材质球显示结果如图6-48所示。

图6-48

6.3.8　制作植物叶片材质

本实例中的植物叶片材质渲染结果如图6-49所示。

01　在场景中选择植物叶片模型并右击，在弹出的快捷菜单中执行"指定新材质"命令，在弹出的"指定新材质"对话框中选择aiStandardSurface材质，并重命名为yepian，如图6-50所示。

图6-49

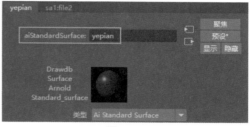

图6-50

02　在"属性编辑器"面板中，展开Base卷展栏，在Color的贴图通道上添加一个"文件"渲染节点，如图6-51所示。

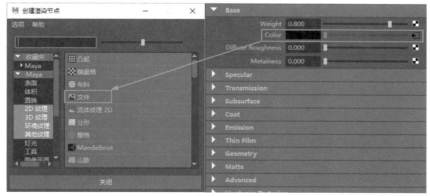

图6-51

03　在"文件属性"卷展栏中，单击"图像名称"后面的文件夹按钮，浏览并添加本书配套资源"叶片.jpg"贴图文件，制作出叶片材质的表面纹理，如图6-52所示。

04 展开Specular卷展栏，设置Roughness的值为0.35，设置材质的镜面反射光泽度，使得植物叶片上的高光稍亮一些，如图6-53所示。

图6-52

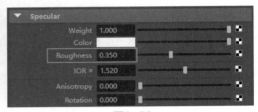

图6-53

05 制作完成后的植物叶片材质球显示结果如图6-54所示。

图6-54

6.3.9 制作玻璃瓶子材质

本实例中的玻璃瓶子材质渲染结果如图6-55所示。

01 在场景中选择玻璃瓶子模型并右击，在弹出的快捷菜单中执行"指定新材质"命令，在弹出的"指定新材质"对话框中选择aiStandardSurface材质，并重命名为boli1，如图6-56所示。

图6-55

图6-56

02 展开Transmission卷展栏，设置玻璃材质的Weight值为1，提高材质的透明度，如图6-57所示。

03 展开Specular卷展栏，设置Roughness的值为0.03，设置材质的镜面反射光泽度，使得玻璃材质上的高光更亮一些，如图6-58所示。

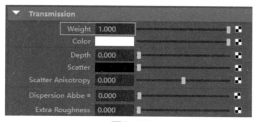

图6-57

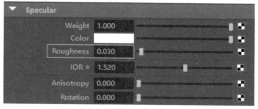

图6-58

04 展开Arnold卷展栏，取消选中Opaque复选项，开启材质透明度计算，如图6-59所示。

05 制作完成后的玻璃瓶子材质球显示结果如图6-60所示。

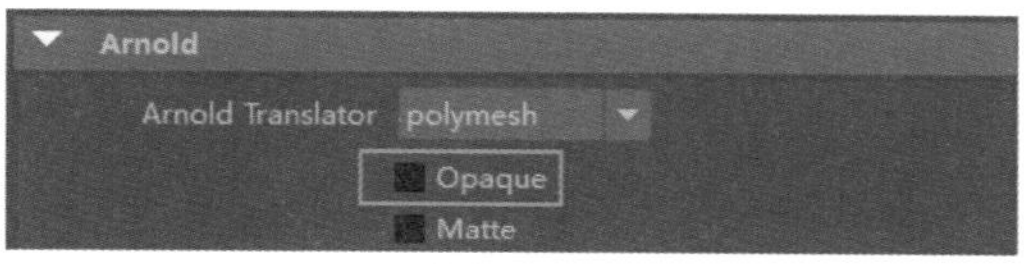

图6-59

图6-60

6.3.10 制作环境材质

本实例中的背景环境不但具有弥补画面空白的作用，还起到了一定的环境照明作用，背景材质的渲染结果如图6-61所示。

01 在场景中选择背景平面模型并右击，在弹出的快捷菜单中执行"指定新材质"命令，在弹出的"指定新材质"对话框中选择aiStandardSurface材质，并重命名为huanjing，如图6-62所示。

图6-61

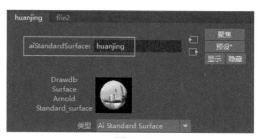

图6-62

02 在"属性编辑器"面板中，展开Base卷展栏，在Color的贴图通道上添加一个"文件"渲染节点，如图6-63所示。

03 在"文件属性"卷展栏中，单击"图像名称"后面的文件夹按钮，浏览并添加本书配套资源"夜景-2.jpg"贴图文件，如图6-64所示。

04 执行菜单栏中的"窗口"|"渲染编辑器"|Hypershade命令，打开Hypershade面板，如图6-65所示。

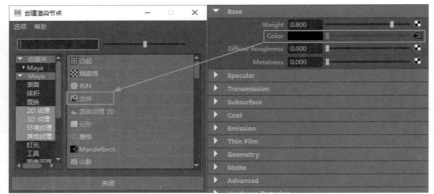

图6-63

图6-64

图6-65

05 在Hypershade面板中，单击"输入和输出连接"按钮，展开环境材质节点，将"输出颜色"节点连接至Emission Color节点上，这样可以设置环境材质的发光贴图与该材质的颜色贴图使用同一个贴图文件，如图6-66所示。连接完成后，如图6-67所示。

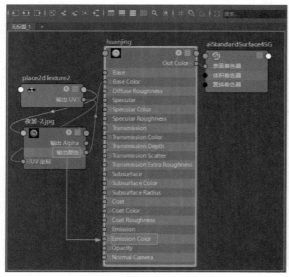

图6-66

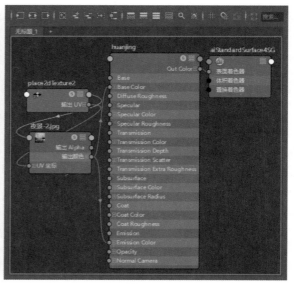

图6-67

06 展开Emission卷展栏，设置Weight的值为1，提高发光属性的权重值，为环境材质设置发光效果，如图6-68所示。

07 制作完成后的环境材质球显示结果如图6-69所示。

图6-68

图6-69

技术专题——如何渲染线框效果图

线框效果图通过渲染出模型的布线结构来反映出建模师的建模技术水平，是广大建模爱好者普遍喜欢的一种渲染表达方式，如图6-70和图6-71所示。

图6-70

图6-71

线框效果图的渲染设置与正常效果图的渲染设置步骤基本一样，只要将场景中模型的材质设置为线框材质后渲染即可。需要注意的是，有两类模型在一般情况下不设置线框材质：一是场景中涉及到玻璃材质的窗户或玻璃门，如果将它们设置为线框材质，势必会遮挡住室外灯光，进而对场景中的照明产生较大影响；二是场景中用于模拟室外背景环境的环境材质，由于环境材质通常需要开启发光属性，所以将环境材质设置为线框材质的话，也会对场景照明产生一定的影响。

线框效果图的渲染制作步骤如下。

01 打开本实例场景文件，将该场景文件另存为一份Maya文件，并重命名为"线框材质.mb"，如图6-72所示。

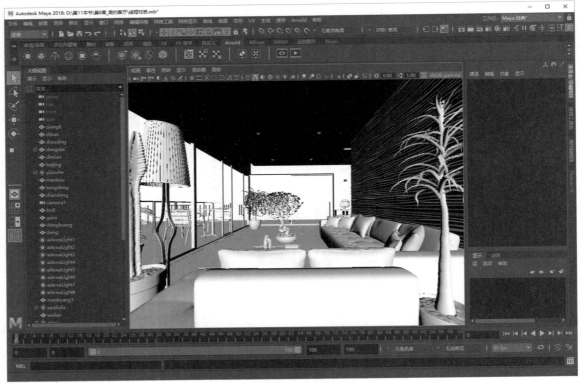

图6-72

02 选择场景中的所有模型，并按住Shift键，排除掉窗户玻璃模型和背景环境模型后，右击并执行"指定新材质"命令，给所选择的模型重新指定aiStandardSurface材质，如图6-73所示。

03 在"属性编辑器"面板中，展开Base卷展栏，在Color的贴图通道上添加一个aiWireframe渲染节点，如图6-74所示。

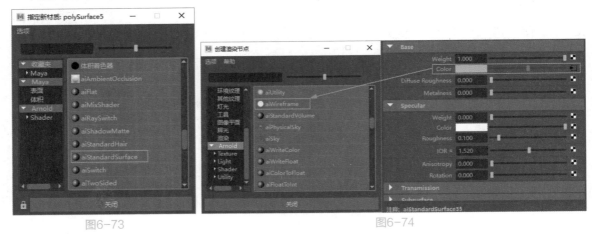

图6-73   图6-74

04 展开Wireframe Attributes卷展栏，设置Edge Type的选项为polygons，将渲染边的类型设置为多边形，将Line Color的颜色设置为灰色，Line Width的值设置为0.5，降低模型布线的渲染宽度，如图6-75所示。

05 设置完成后，渲染场景，渲染结果如图6-76所示。

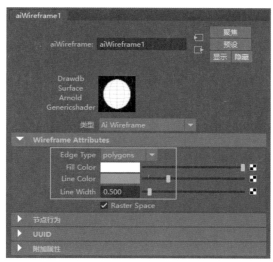

图6-75　　　　　　　　　　图6-76

技术专题——aiWireframe渲染节点命令解析

aiWireframe渲染节点的参数命令如图6-77所示。

图6-77

命令解析

- Edge Type：用来控制渲染几何体的边线类型。图6-78所示是该选项分别为Triangles（三角形）和Polygons（多边形）时的线框渲染结果。

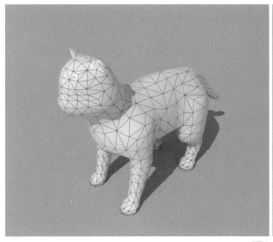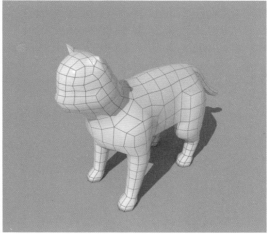

图6-78

- Fill Color：用于设置模型的填充颜色，图6-79所示分别为该属性设置了不同颜色的渲染结果。
- Line Color：用于设置模型边线的渲染颜色，图6-80所示分别为该属性设置了不同颜色的渲染结果。

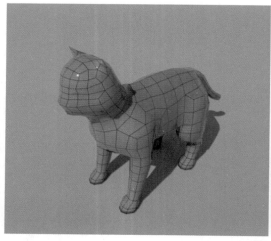 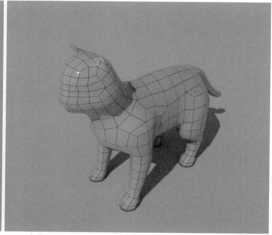

图6-79

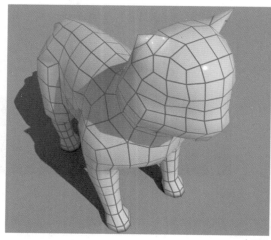 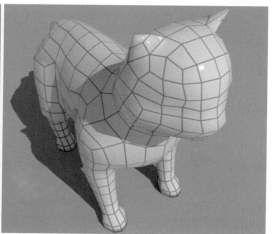

图6-80

● Line Width：用于设置模型边线的渲染宽度，图6-81所示是该值分别为1和3的渲染结果。

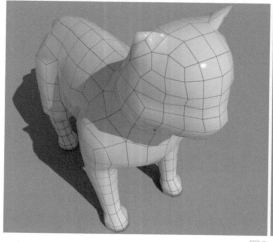 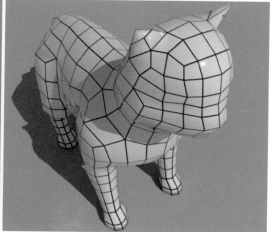

图6-81

● Raster Space：启用后，线宽将以屏幕空间像素为单位进行计算。

6.4　制作筒灯照明效果

01 将操作视图切换至"顶视图"，单击Arnold工具架上的第一个图标，在场景中创建一个区域灯光，如图6-82所示。

图6-82

02 旋转区域灯光的角度，使其照射方向向下，并调整灯光的位置至场景中天花板上筒灯模型的位置处，如图6-83所示。

03 将操作视图切换至"左视图"，调整区域灯光的高度至图6-84所示位置。

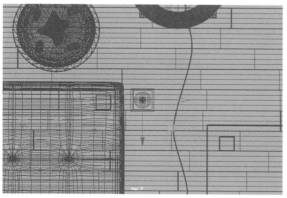

图6-83

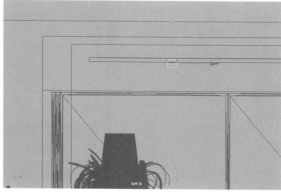

图6-84

04 在"属性编辑器"面板中，展开Arnold Area Light Attributes卷展栏，设置灯光Intensity的值为500，Exposure的值为7，增加区域灯光的照明强度，如图6-85所示。

05 灯光参数设置完成后，回到"顶视图"，选择区域灯光，按下快捷键Ctrl+D，对区域灯光进行复制，并分别调整位置至场景中的其他筒灯模型位置处，如图6-86所示。

06 设置完成后，渲染场景，筒灯的模拟效果如图6-87所示。

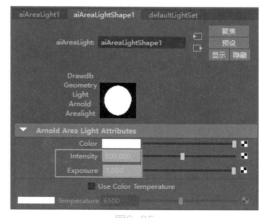

图6-85

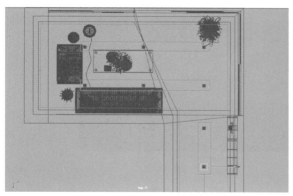

图6-86

图6-87

127

6.5 制作灯带照明效果

01 在"大纲视图"中选择场景中的灯带模型,单击Arnold工具架上的"创建网格灯光"图标,将所选择的模型设置为灯光,如图6-88所示。

图6-88

02 设置完成后,观察"大纲视图"面板,可以看到在灯带模型名称的子层级上多了一个网格灯光,如图6-89所示。

03 在"属性编辑器"面板中,展开Light Attributes卷展栏,设置灯光的Color为橙色,调整灯光Intensity的值为300,Exposure的值为8,如图6-90所示。

图6-89

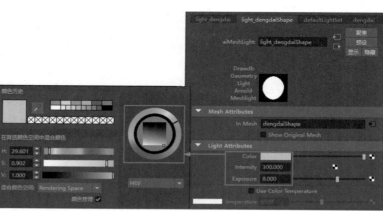

图6-90

04 设置完成后,渲染场景,添加了灯带照明的渲染结果如图6-91所示。

图6-91

6.6　渲染及后期处理

01▶ 打开"渲染设置"面板，在"公用"选项卡，展开"图像大小"卷展栏，将渲染图像的"预设"选择为HD_720，如图6-92所示。

02▶ 在Arnold Renderer选项卡中，展开Sampling卷展栏，设置Camera（AA）的值为15，提高渲染图像的计算采样精度，如图6-93所示。

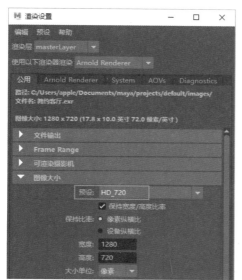

图6-92

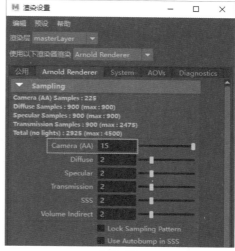

图6-93

03▶ 设置完成后，渲染场景，渲染结果如图6-94所示。

图6-94

04▶ 在Arnold RenderView（Arnold渲染视口）中，单击右上角的齿轮形状按钮，打开Display选项卡，设置Exposure的值为0.5，增加一点渲染图像的亮度，如图6-95所示。

图6-95

05 本实例的最终渲染结果如图6-96所示。

图6-96

7.1 场景简介

本案例通过制作一个室内空间表现场景，来给读者们详细讲解Maya中常见的家装材质及室内灯光的设置技巧，本章案例的最终完成效果如图7-1所示，线框效果图如图7-2所示。

图7-1

图7-2

7.2 模型检查

在对模型进行材质制作之前，通常需要我们先检查一下场景模型是否有重面、破面及漏光现象，主要设置步骤如下。

01 启动Maya软件，打开本书配套场景文件"阳光卧室.mb"，如图7-3所示。

02 在"透视视图"中，选择场景中的所有模型，按住Shift键，在场景中减选掉玻璃模型和背景模型，如图7-4所示。

03 右击，在弹出的快捷菜单中执行"指定新材质"命令，为场景模型添加aiStandardSurface材质，如图7-5所示。

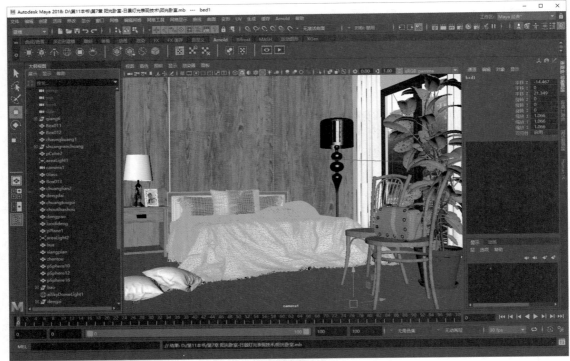

图7-3

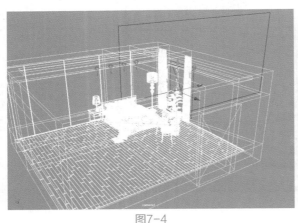

图7-4

图7-5

04 首先，我们将aiStandardSurface材质球的颜色设置为纯白色。在"属性编辑器"面板中，展开Base卷展栏，可以看到Color的颜色在默认状态下为白色，接下来，只需要将Weight的值由默认的0.8更改为1，就可以使得aiStandardSurface材质颜色的权重完全由Color属性来控制，如图7-6所示。

05 展开Specular卷展栏，设置Weight的值为0，取消材质的高光计算，如图7-7所示。

图7-6

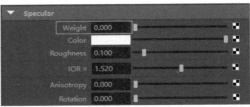

图7-7

06 设置完成后，在Arnold工具架上单击"渲染"图标 ，渲染场景，如图7-8所示。

图7-8

07 通过渲染结果可以查看场景中的模型是否正确，本实例的白模渲染结果如图7-9所示。

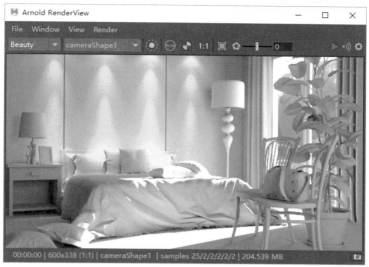

图7-9

7.3 制作模型材质

本实例中涉及的主要材质有白色床单材质、地板材质、落地灯金属材质、椅子材质、植物叶片材质、窗户玻璃材质、背景墙材质和红色抱枕材质。

7.3.1 制作白色床单材质

本实例中的白色床单材质渲染结果如图7-10所示。

图7-10

01 在场景中选择床单模型并右击，在弹出的快捷菜单中执行"指定新材质"命令，在弹出的"指定新材质"对话框中选择aiStandardSurface材质，如图7-11所示。

02 在"属性编辑器"面板中，将材质名称更改为baichuangdan，如图7-12所示。

图7-11

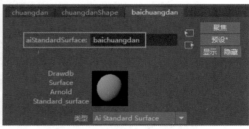

图7-12

03 展开Base卷展栏，设置Weight的值为1，如图7-13所示。

04 展开Specular卷展栏，设置Roughness的值为0.1，取消床单材质的高光效果计算，如图7-14所示。

图7-13

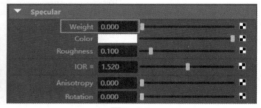

图7-14

05 制作完成后的白色床单材质球显示结果如图7-15所示。

图7-15

7.3.2 制作地板材质

本实例所要表现的地板材质渲染结果如图7-16所示。

01 在场景中选择地板模型并右击，在弹出的快捷菜单中执行"指定新材质"命令，在弹出的"指定新材质"对话框中选择aiStandardSurface材质，并重命名为diban，如图7-17所示。

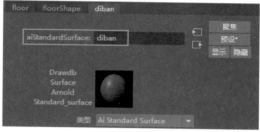

图7-16

图7-17

02 在"属性编辑器"面板中，展开Base卷展栏，在Color的贴图通道上添加一个"文件"渲染节点，如图7-18所示。

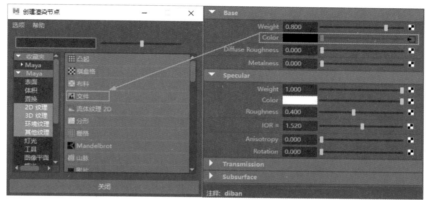

图7-18

03 在"文件属性"卷展栏中，单击"图像名称"后面的文件夹按钮，浏览并添加本书配套资源"地板.png"贴图文件，制作出地板材质的表面纹理，如图7-19所示。

04 展开Specular卷展栏，设置Roughness的值为0.4，设置材质的镜面反射光泽度，可以控制地板的高光亮度，如图7-20所示。

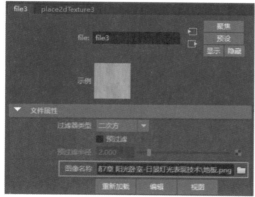

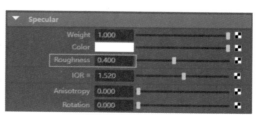

图7-19

图7-20

05 制作完成后的地板材质球显示结果如图7-21所示。

图7-21

7.3.3　制作落地灯金属材质

本实例中的落地灯表现为带有些许划痕的黄铜质感，如图7-22所示。

01 在场景中选择落地灯模型并右击，在弹出的快捷菜单中执行"指定新材质"命令，在弹出的"指定新材质"对话框中选择aiStandardSurface材质，并重命名为jinshu1，如图7-23所示。

图7-22

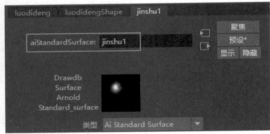

图7-23

02 在"属性编辑器"面板中，展开Base卷展栏，设置Metalness的值为1，提高材质的金属特性。在Color的贴图通道上添加一个"文件"渲染节点，如图7-24所示。

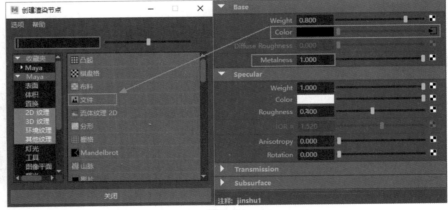

图7-24

03 在"文件属性"卷展栏中，单击"图像名称"后面的文件夹按钮，浏览并添加本书配套资源"金属反射.png"文件，制作出黄铜材质的表面纹理，如图7-25所示。

04 展开Specular卷展栏，设置Roughness的值为0.4，降低材质的高光效果，如图7-26所示。

图7-25

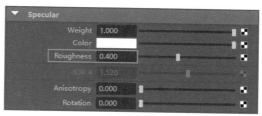

图7-26

05 制作完成后的落地灯金属材质球显示结果如图7-27所示。

图7-27

7.3.4　制作椅子材质

本实例中的椅子模型渲染结果如图7-28所示。

01 在场景中选择椅子模型并右击，在弹出的快捷菜单中执行"指定新材质"命令，在弹出的"指定新材质"对话框中选择aiStandardSurface材质，并重命名为yizi，如图7-29所示。

图7-28

图7-29

02 在"属性编辑器"面板中，展开Base卷展栏，在Color的贴图通道上添加一个"文件"渲染节点，如图7-30所示。

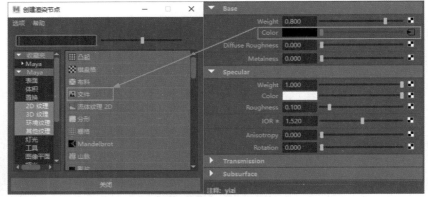

图7-30

03 在"文件属性"卷展栏中，单击"图像名称"后面的文件夹按钮，浏览并添加本书配套资源"木纹.jpg"文件，制作出椅子材质的表面纹理，如图7-31所示。

04 制作完成后的椅子材质球显示结果如图7-32所示。

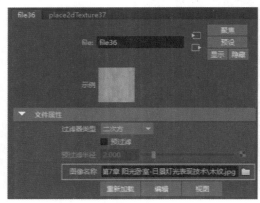

图7-31

图7-32

7.3.5 制作植物叶片材质

本实例中的植物叶片材质渲染结果如图7-33所示。

01 在场景中选择植物叶片模型并右击，在弹出的快捷菜单中执行"指定新材质"命令，在弹出的"指定新材质"对话框中选择aiStandardSurface材质，并重命名为yezi，如图7-34所示。

图7-33

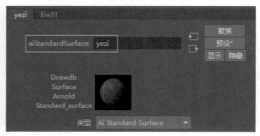

图7-34

02 在"属性编辑器"面板中，展开Base卷展栏，在Color的贴图通道上添加一个"文件"渲染节点，如图7-35所示。

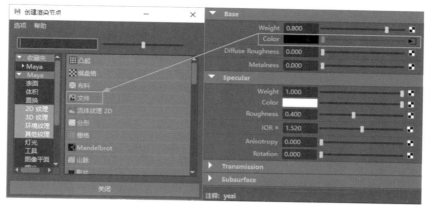

图7-35

03 在"文件属性"卷展栏中，单击"图像名称"后面的文件夹按钮，浏览并添加本书配套资源"叶子.jpg"贴图文件，制作出叶片材质的表面纹理，如图7-36所示。

04 展开Specular卷展栏，设置Roughness的值为0.4，设置材质的镜面反射光泽度，使得植物叶片上的高光稍亮一些，如图7-37所示。

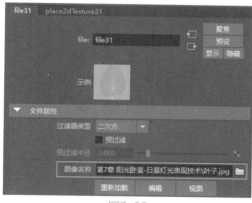

图7-36

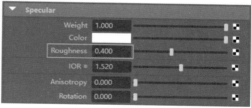

图7-37

05 展开Geometry卷展栏，以同样的方式为Bump Mapping属性添加一个"文件"渲染节点，用来制作叶片材质的凹凸效果，如图7-38所示。

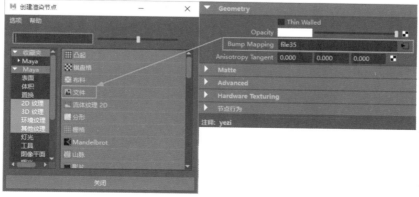

图7-38

06 在"文件属性"卷展栏中，单击"图像名称"后面的文件夹按钮，浏览并添加本书配套资源"叶子凹凸.jpg"贴图文件，制作出叶片材质的凹凸纹理，如图7-39所示。

07 展开"2D凹凸属性"卷展栏，设置"凹凸深度"的值为0.1，控制植物叶片材质的凹凸程度，如图7-40所示。

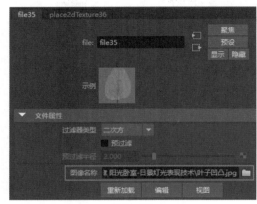

图7-39 　　　　　　　　　　　　　　　图7-40

08 制作完成后的植物叶片材质球显示结果如图7-41所示。

图7-41

7.3.6　制作窗户玻璃材质

本实例中的窗户玻璃材质渲染结果如图7-42所示。

01 在场景中选择窗户玻璃模型并右击，在弹出的快捷菜单中执行"指定新材质"命令，在弹出的"指定新材质"对话框中选择aiStandardSurface材质，并重命名为boli，如图7-43所示。

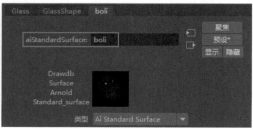

图7-42 　　　　　　　　　　　　　　　图7-43

02 展开Base卷展栏，设置Weight的值为1，如图7-44所示。

03 展开Transmission卷展栏，设置Weight的值为0.95，提高材质的透明度，如图7-45所示。

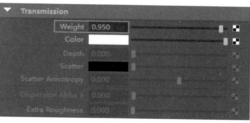

图7-44

图7-45

04 展开Specular卷展栏，设置Roughness的值为0.05，使得玻璃材质上的高光更亮一些，如图7-46所示。

05 展开Arnold卷展栏，取消选中Opaque参数，开启材质透明度计算，如图7-47所示。

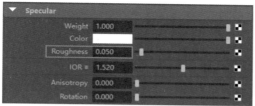

图7-46

图7-47

06 制作完成后的窗户玻璃材质球显示结果如图7-48所示。

图7-48

7.3.7　制作背景墙材质

本实例中的背景墙主要表现为木制纹理，并具有较强的反光特性，其渲染结果如图7-49所示。

01 在场景中选择床后面的背景墙模型并右击，在弹出的快捷菜单中执行"指定新材质"命令，在弹出的"指定新材质"对话框中选择aiStandardSurface材质，并重命名为beijingqiang，如图7-50所示。

02 在"属性编辑器"面板中，展开Base卷展栏，在Color的贴图通道上添加一个"文件"渲染节点，如图7-51所示。

图7-49   图7-50

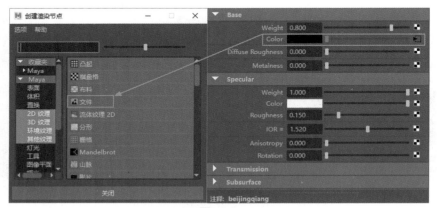

图7-51

03 在"文件属性"卷展栏中，单击"图像名称"后面
的文件夹按钮，浏览并添加本书配套资源"背景墙
木纹.png"贴图文件，如图7-52所示。

04 展开Specular卷展栏，设置Roughness的值为0.15，
使得背景墙材质上的高光更亮一些，同时，该值也
控制材质的反射效果，值越小，反射越清晰，如
图7-53所示。

05 制作完成后的背景墙材质球显示结果如图7-54
所示。

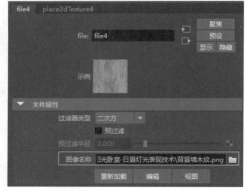

图7-52

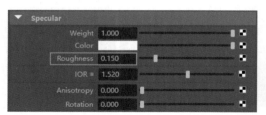

图7-53

图7-54

7.3.8　制作红色抱枕材质

本实例中的红色抱枕材质渲染结果如图7-55所示。

01 在场景中选择抱枕模型并右击，在弹出的快捷菜单中执行"指定新材质"命令，在弹出的"指定新材质"对话框中选择aiStandardSurface材质，并重命名为hongbaozhen，如图7-56所示。

图7-55　　　　　　　　　　　　　　图7-56

02 展开Base卷展栏，设置材质的Color为红色，如图7-57所示。

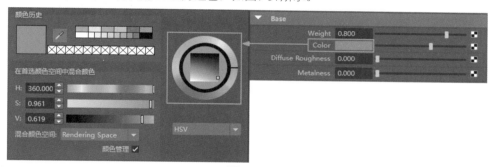

图7-57

03 展开Specular卷展栏，设置Weight的值为0，取消材质的高光效果，如图7-58所示。

04 制作完成后的红色抱枕材质球显示结果如图7-59所示。

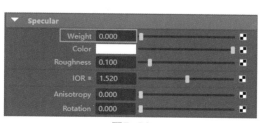

图7-58　　　　　　　　　　　　　　图7-59

7.4 制作灯光

7.4.1 制作日光照明效果

01 在Arnold工具架中单击Create Physical Sky按钮，如图7-60所示，即可在场景中创建一个Arnold渲染器为用户提供的物理天空灯光，如图7-61所示。

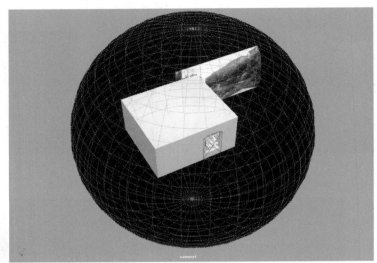

图7-60   图7-61

02 创建完成后，渲染场景，物理天空灯光的默认渲染结果如图7-62所示。

03 在"属性编辑器"面板中，展开Physical Sky Attributes卷展栏，设置Elevation的值为33，Azimuth的值为345，调整阳光的照射角度，如图7-63所示。

图7-62   图7-63

04 设置完成后，渲染场景，通过渲染结果可以看到，阳光刚好可以从场景中窗户的位置照进室内，如图7-64所示。

05 设置Intensity的值为10，提高物理天空灯光的照明强度，如图7-65所示。

图7-64

图7-65

06 在aiSkyDomeLightShape1选项卡中，展开SkyDomeLight Attributes卷展栏，设置Samples的值为5，提高物理天空灯光的采样值，如图7-66所示。

07 设置完成后，渲染场景，渲染结果如图7-67所示。

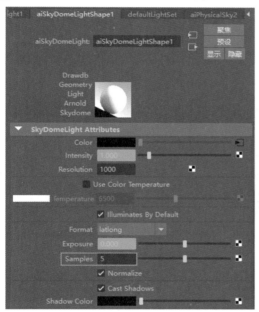

图7-66

图7-67

7.4.2　制作辅助照明效果

01 物理天空灯光的参数设置完成后，从渲染结果上看，图像还是较暗一些，这时，可以考虑在场景中添加区域灯光来进行辅助照明，以提升室内空间的整体照明亮度。在Arnold工具架中，单击Create Area Light按钮，如图7-68所示。在场景中创建一个Arnold渲染器提供的区域灯光。

图7-68

02 使用"缩放工具"调整区域灯光的大小，并使用"移动工具"调整灯光的位置至图7-69所示，使之与场景中的落地窗户模型的尺寸相匹配。

03 在"属性编辑器"面板中，展开Arnold Area Light Attributes卷展栏，设置Intensity的值为200，Exposure的值为9，提高区域灯光的照明强度，如图7-70所示。

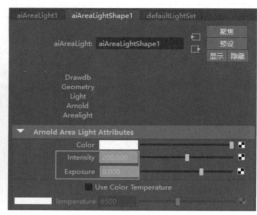

图7-69　　　　　　　　　　　　　　　　　图7-70

04 选择设置好的区域灯光，按下快捷键Ctrl+D，复制出一个区域灯光，并调整其照射方向及位置至图7-71所示。

05 设置完成后，渲染场景，添加了辅助照明后的场景渲染结果如图7-72所示。

图7-71　　　　　　　　　　　　　　　　　图7-72

7.4.3　使用IES文件制作射灯照明效果

01 在Arnold工具架中单击Create Photometric Light按钮，如图7-73所示。在场景中创建一个Arnold渲染器提供的光度学灯光。

图7-73

02 使用"缩放工具"调整区域灯光的大小，并使用"移动工具"调整灯光的位置至图7-74所示。

03 在"属性编辑器"面板中，展开Photometric Light Attributes卷展栏，单击Photometry File属性后面的文件夹按钮，浏览本书配套资源文件"deng.ies"，使用光域网文件来制作光度学灯光的照明范围。调整灯光的Color属性为黄色，Intensity的值为200，Exposure的值为5，提高灯光的亮度，如图7-75所示。

04 选择光度学灯光，按下快捷键Ctrl+D，复制一个光度学灯光，并调整其位置至图7-76所示。

05 按下快捷键Shift+D，再复制出两个光度学灯光，如图7-77所示。

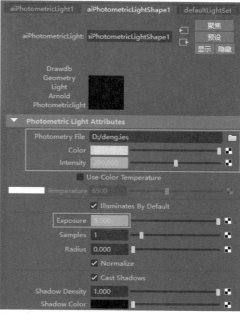

图7-74

图7-75

图7-76

图7-77

06 设置完成后，渲染场景，添加了射灯照明效果后的场景渲染结果如图7-78所示。

图7-78

技术专题——Photometric Light灯光命令解析

Photometric Light（光度学灯光）使用的是从真实世界灯光测量得到的数据文件来计算照明结果，这些数据通常来自于灯泡和灯罩制造商。比如我们可以导入来自 Erco、Lamp、Osram 和 Philips 等公司的 IES 数据文件，这些 IES 文件能够提供给光度学灯光精确的照明强度和扩散数据。图7-79所示为使用了不同IES文件所产生的灯光照明结果。

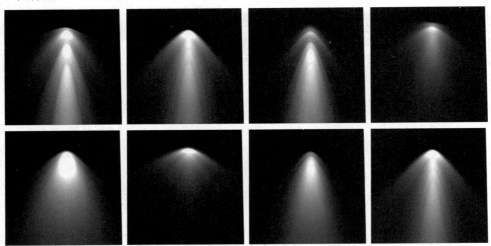

图7-79

Photometric Light（光度学灯光）的主要灯光控制参数可以在Photometric Light Attributes卷展栏内找到，如图7-80所示。

命令解析

- Photometry File：单击该属性后面的文件夹按钮，可以弹出Load Photometry File对话框，浏览本地电脑上的IES文件。
- Color：用于设置灯光的颜色。
- Intensity：用于设置灯光的照明强度。
- Use Color Temperature：使用色温来控制灯光的颜色。
- Temperature：设置灯光的色温值。

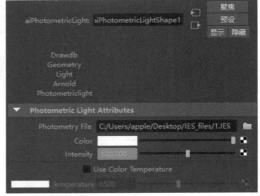

图7-80

 需要注意的是，IES文件的名称不可以使用中文来命名，放置IES文件的文件夹也不可以用中文命名，否则在渲染时会弹出错误提示，如图7-81所示。

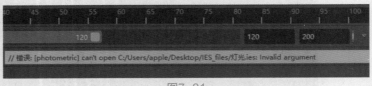

图7-81

色温以开尔文为单位，主要用于控制灯光的颜色。其默认值为6500，是国际照明委员会（CIE）所认定的白色。当色温值小于6500时会偏向于红色，当色温值大于6500时则会偏向于蓝色，图7-82所示显示了不同单位的色温值对场景中光照色彩的影响。另外，需要注意的是，当我们勾选了"使用色温"选项后，将覆盖掉灯光的默认颜色，并包括指定给颜色属性的任何纹理。

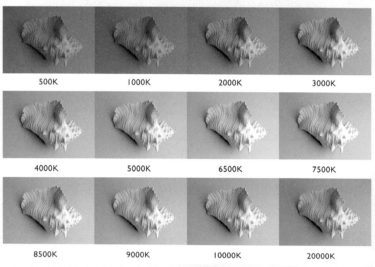

图7-82

7.5 渲染及后期处理

01 打开"渲染设置"面板，在"公用"选项卡中，展开"图像大小"卷展栏，将渲染图像的"预设"选择为HD_720，如图7-83所示。

02 在Arnold Renderer选项卡中，展开Sampling卷展栏，设置Camera（AA）的值为25，提高渲染图像的计算采样精度，如图7-84所示。

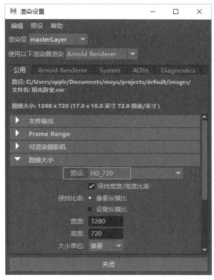

图7-83

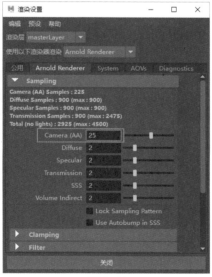

图7-84

03 设置完成后，渲染场景，渲染结果如图7-85所示。

图7-85

04 在Arnold RenderView（Arnold渲染视口）中，单击右上角的齿轮形状按钮，打开Display选项卡，设置Gamm的值为0.85，增加图像的对比度，提高图像的层次感；设置Exposure的值为0.5，增加一点渲染图像的亮度，如图7-86所示。

图7-86

05 本实例的最终渲染结果如图7-87所示。

图7-87

8.1　场景简介

　　本案例通过制作一个林中小屋的动画场景，来给读者们详细讲解Maya中体积光的使用方法，案例最终完成效果如图8-1所示，线框效果图如图8-2所示。

图8-1

图8-2

　　打开本书配套场景文件"林中小屋.mb"，本实例的场景文件如图8-3所示。

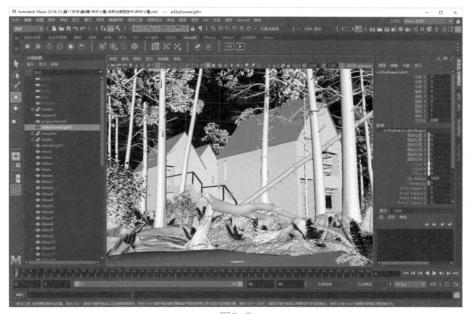

图8-3

8.2 制作模型材质

本实例中涉及的主要材质有树皮材质、树叶材质、墙体材质、栏杆材质、石头材质和玻璃材质。

8.2.1 制作树皮材质

本实例中的树皮材质渲染结果如图8-4所示。

01 在场景中选择树干模型并右击，在弹出的快捷菜单中执行"指定新材质"命令，在弹出的"指定新材质"对话框中选择aiStandardSurface材质，如图8-5所示。

02 在"属性编辑器"面板中，将材质名称更改为shupi，如图8-6所示。

图8-4

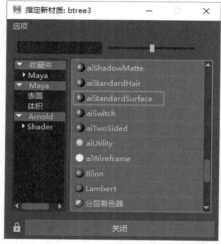

图8-5

图8-6

03 在"属性编辑器"面板中，展开Base卷展栏，在Color的贴图通道上添加一个"文件"渲染节点，如图8-7所示。

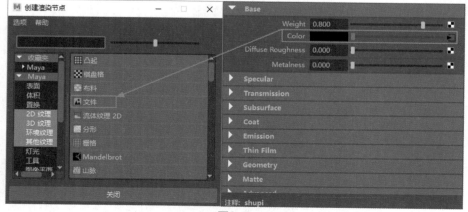

图8-7

04 在"文件属性"卷展栏中，单击"图像名称"后面的文件夹按钮，浏览并添加本书配套资源"树皮-1.png"贴图文件，制作出地板材质的表面纹理，如图8-8所示。

05 展开Specular卷展栏，设置Roughness的值为0.5，设置材质的镜面反射光泽度，有效降低树皮材质上的高光亮度，如图8-9所示。

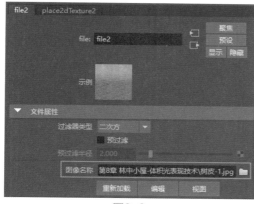

图8-8

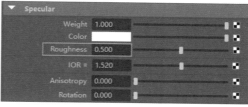

图8-9

06 接下来，调整树皮材质的凹凸效果。展开Geometry卷展栏，在Bump Mapping的贴图通道后面的文本框内输入file2，并按下回车键确定，即可将Color属性所使用的"文件"渲染节点连接到凹凸贴图属性上，如图8-10所示。

07 连接成功后，Maya会自动为Bump Mapping属性添加bump2d渲染节点。展开"2D凹凸属性"卷展栏，将"凹凸深度"的值由默认的1调整为3，提高树皮材质的凹凸质感，如图8-11所示。

图8-10

图8-11

08 制作完成后的树皮材质球显示结果如图8-12所示。

图8-12

技术专题——"材质查看器"的使用方法

"材质查看器"选项卡里提供了多种形体用来直观地显示我们调试的材质预览,而不是仅仅以一个材质球的方式来显示材质。材质的形态计算采用了"硬件"和Arnold这两种计算方式,图8-13所示分别是相同材质经过这两种计算方式所产生的不同显示结果。

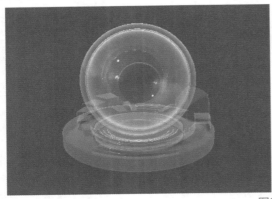 

图8-13

"材质查看器"选项卡里的"材质样例选项"中提供了多种形体用于材质的显示,有"材质球""布料""茶壶""海洋""海洋飞溅""玻璃填充""玻璃飞溅""头发""球体"和"平面"10种方式可选,如图8-14所示。

图8-14

1. "材质球"样例
材质样例设置为"材质球"后的显示效果如图8-15所示。

2. "布料"样例
材质样例设置为"布料"后的显示效果如图8-16所示。

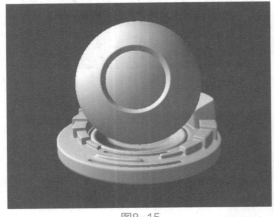 

图8-15　　　　　　　　　　　　　　　　图8-16

3. "茶壶"样例
材质样例设置为"茶壶"后的显示效果如图8-17所示。

4. "海洋"样例
材质样例设置为"海洋"后的显示效果如图8-18所示。

图8-17

图8-18

5. "海洋飞溅"样例

材质样例设置为"海洋飞溅"后的显示效果如图8-19所示。

6. "玻璃填充"样例

材质样例设置为"玻璃填充"后的显示效果如图8-20所示。

图8-19

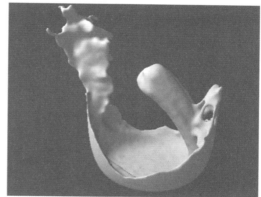

图8-20

7. "玻璃飞溅"样例

材质样例设置为"玻璃飞溅"后的显示效果如图8-21所示。

8. "头发"样例

材质样例设置为"头发"后的显示效果如图8-22所示。

图8-21

图8-22

9. "球体" 样例

材质样例设置为 "球体" 后的显示效果如图8-23所示。

10. "平面" 样例

材质样例设置为 "平面" 后的显示效果如图8-24所示。

图8-23　　　　　　　　　　　　　　　图8-24

8.2.2　制作树叶材质

本实例中的树叶材质渲染结果如图8-25所示。

01 在场景中选择树叶模型并右击，在弹出的快捷菜单中执行 "指定新材质" 命令，在弹出的 "指定新材质" 对话框中选择aiStandardSurface材质，并重命名为shuye，如图8-26所示。

图8-25　　　　　　　　　　　　　　　图8-26

02 在 "属性编辑器" 面板中，展开Base卷展栏，在Color的贴图通道上添加一个 "文件" 渲染节点，如图8-27所示。

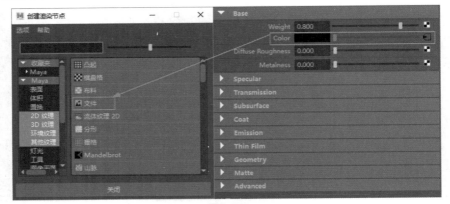

图8-27

03 在"文件属性"卷展栏中，单击"图像名称"后面的文件夹按钮，浏览并添加本书配套资源"叶片-2.png"贴图文件，制作出树叶材质的表面纹理，如图8-28所示。

04 展开Specular卷展栏，设置Roughness的值为0.1，设置材质的镜面反射光泽度，可以控制树叶材质的高光亮度，如图8-29所示。

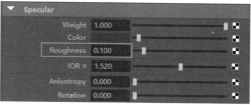

图8-28　　　　图8-29

05 展开Geometry卷展栏，在Opacity的贴图通道上添加一个"文件"渲染节点，如图8-30所示。

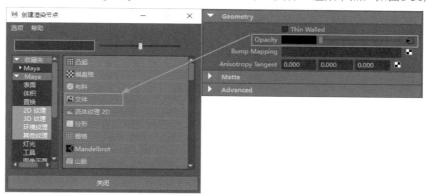

图8-30

06 在"文件属性"卷展栏中，单击"图像名称"后面的文件夹按钮，浏览并添加本书配套资源"叶片-2-透明.png"贴图文件，制作出树叶材质的透明效果，如图8-31所示。

07 展开Arnold卷展栏，取消选中Opaque参数，开启材质透明度计算，如图8-32所示。

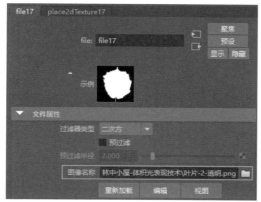

图8-31　　　　图8-32

08 制作完成后的树叶材质球显示结果如图8-33所示。

图8-33

8.2.3 制作墙体材质

本实例中的墙体材质渲染结果如图8-34所示。

01 在场景中选择房屋墙体模型并右击，在弹出的快捷菜单中执行"指定新材质"命令，在弹出的"指定新材质"对话框中选择aiStandardSurface材质，并重命名为qiangti，如图8-35所示。

图8-34

图8-35

02 在"属性编辑器"面板中，展开Base卷展栏，设置Weight的值为1，再展开Specular卷展栏，设置Weight的值为0，如图8-36所示。

03 制作完成后的墙体材质球显示结果如图8-37所示。

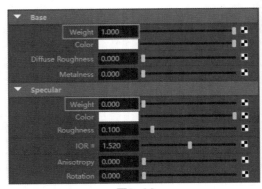

图8-36

图8-37

8.2.4　制作栏杆材质

本实例中的栏杆材质渲染结果如图8-38所示。

01 在场景中选择栏杆模型并右击，在弹出的快捷菜单中执行"指定新材质"命令，在弹出的"指定新材质"对话框中选择aiStandardSurface材质，并重命名为langan，如图8-39所示。

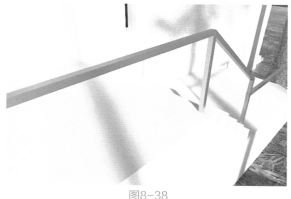

图8-38

图8-39

02 在"属性编辑器"面板中，展开Base卷展栏，调整Metalness的值为1，增加材质的金属质感。展开Specular卷展栏，设置Color的颜色为白色，设置Roughness的值为0.416，降低材质的反射清晰程度，使得栏杆材质接近亚光效果，如图8-40所示。

03 制作完成后的栏杆材质球显示结果如图8-41所示。

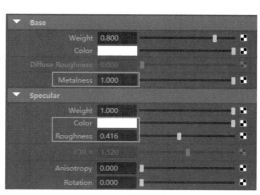

图8-40

图8-41

8.2.5　制作石头材质

本实例中的石头材质渲染结果如图8-42所示。

01 在场景中选择石头模型并右击，在弹出的快捷菜单中执行"指定新材质"命令，在弹出的"指定新材质"对话框中选择aiStandardSurface材质，并重命名为shikuai，如图8-43所示。

02 在"属性编辑器"面板中，展开Base卷展栏，在Color的贴图通道上添加一个"文件"渲染节点，如图8-44所示。

图8-42

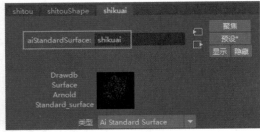

图8-43

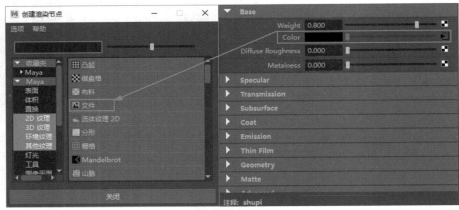

图8-44

03 在"文件属性"卷展栏中，单击"图像名称"后面的文件夹按钮，浏览并添加本书配套资源"地块-2.jpg"贴图文件，制作出石头材质的表面纹理，如图8-45所示。

04 展开Specular卷展栏，将Color的颜色设置为灰色，并调整Roughness的值为0.1，设置材质的镜面反射光泽度，如图8-46所示。

图8-45

图8-46

05 接下来，调整石头材质的凹凸效果。展开Geometry卷展栏，在Bump Mapping贴图通道后面的文本框内输入file10，并按回车键确定，即可将Color属性所使用的"文件"渲染节点连接到凹凸贴图属性上，如图8-47所示。

06 制作完成后的石头材质球显示结果如图8-48所示。

图8-47

图8-48

8.2.6　制作玻璃材质

本实例中的玻璃材质渲染结果如图8-49所示。

01 在场景中选择窗户玻璃模型并右击，在弹出的快捷菜单中执行"指定新材质"命令，在弹出的"指定新材质"对话框中选择aiStandardSurface材质，并重命名为boli，如图8-50所示。

图8-49

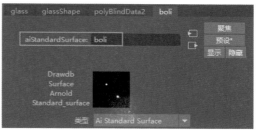

图8-50

02 展开Transmission卷展栏，设置玻璃材质的Weight值为1，提高材质的透明度，如图8-51所示。

03 展开Specular卷展栏，设置Roughness的值为0.1，设置材质的镜面反射光泽度，使得玻璃材质上的高光更亮一些，如图8-52所示。

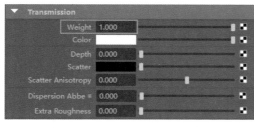

图8-51

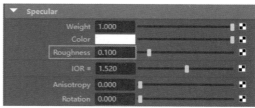

图8-52

04 展开Arnold卷展栏，取消选中Opaque复选项，开启材质透明度计算，如图8-53所示。

05 制作完成后的玻璃材质球显示结果如图8-54所示。

图8-53　　　　　　　　　　　　　　　　　图8-54

8.3　制作日光效果

8.3.1　添加物理天空

01　在Arnold工具架中单击Create Physical Sky按钮，如图8-55所示，即可在场景中创建一个Arnold渲染器为用户提供的物理天空灯光，如图8-56所示。

图8-55

02　选择场景中的物理天空对象，将"属性编辑器"切换至aiPhysicalSky选项卡，展开Physical Sky Attributes（物理天空属性）卷展栏，设置Elevation的值为25，Azimuth的值为119.277，Intensity的值为3，Sun Size的值为3，如图8-57所示。

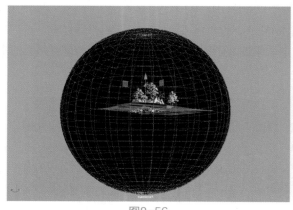

图8-56

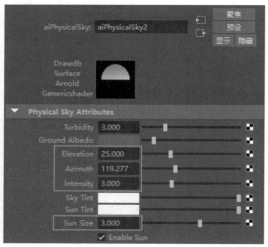

图8-57

03　将Sky Tint的颜色设置为浅蓝色，如图8-58所示。

04　将Sun Tint的颜色设置为浅黄色，如图8-59所示。

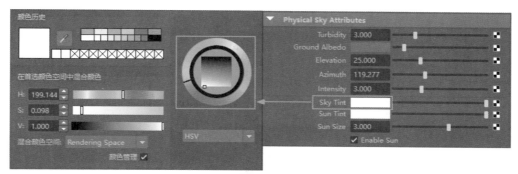

图8-58

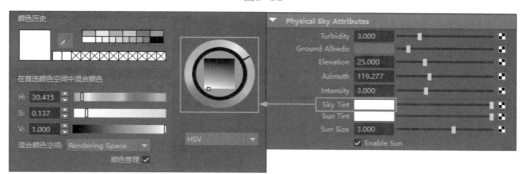

图8-59

05 设置完成后，渲染场景，添加完物理天空灯光后的场景渲染结果如图8-60所示。

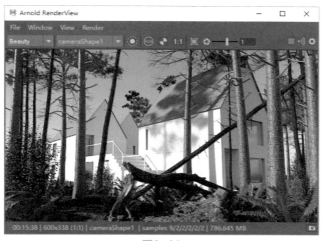

图8-60

8.3.2　设置体积光效果

01 在Arnold工具架中单击"创建区域灯光"图标，如图8-61所示。在场景中创建一个区域灯光。

图8-61

02 缩放区域灯光的大小，并调整其位置至图8-62所示。

图8-62

03 在"属性编辑器"面板中，展开Arnold Area Light Attributes卷展栏，调整灯光的Color为黄色，如图8-63所示。

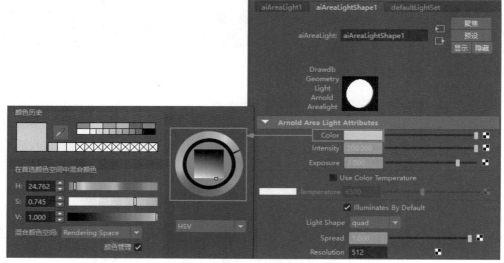

图8-63

04 设置Intensity的值为200，Exposure的值为3，提高灯光的照明强度，如图8-64所示。

05 在场景中再次创建一个区域灯光，并调整灯光的位置至图8-65所示位置处。

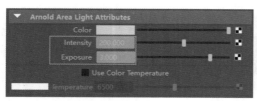

图8-64

图8-65

06 在"属性编辑器"面板中,展开Arnold Area Light Attributes卷展栏,调整灯光的Color为天蓝色,如图8-66所示。

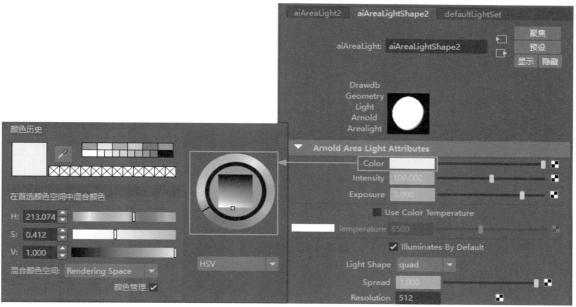

图8-66

07 设置Intensity的值为100,Exposure的值为3,提高灯光的照明强度,如图8-67所示。

08 打开"渲染设置"面板,在Arnold Renderer选项卡中,展开Environment卷展栏,单击Atmosphere属性后面的"贴图设置"按钮,在弹出的菜单中,选择Create aiAtmosphereVolume命令,如图8-68所示。

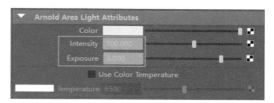

图8-67

09 设置完成后,可以看到Maya为Atmosphere属性添加了一个aiAtmosphereVolume渲染节点,如图8-69所示。

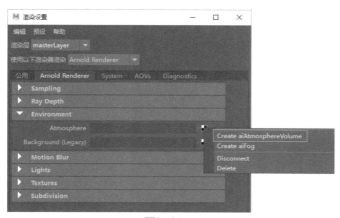

图8-68

图8-69

10 展开Volume Attributes卷展栏,设置Density的值为0.3,如图8-70所示。

11 设置完成后,渲染场景,渲染结果如图8-71所示。

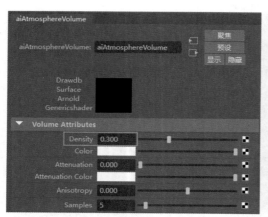

图8-70

图8-71

技术专题——Volume Attributes卷展栏命令解析

Volume Attributes卷展栏中的命令主要用来模拟大气体积效果，其中的参数命令如图8-72所示。

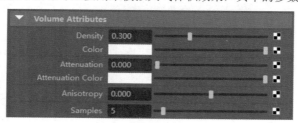

图8-72

命令解析

- Density：用于设置大气体积的密度，图8-73所示是该值分别为0.3和1的渲染结果。

图8-73

- Color：该属性以其RGB值乘以密度值来影响大气体积的颜色，图8-74所示为该属性调试成黄色后的图像渲染结果。
- Attenuation：用于设置大气体积的衰减效果。
- Attenuation Color：该属性以其RGB值乘以衰减值来影响大气体积的颜色，图8-75所示为Attenuation值是0.002、Attenuation Color为黄色后的图像渲染结果。

图8-74

图8-75

- Anisotropy：用于设置大气体积的各向异性属性。
- Samples：用于提高大气体积的图像计算质量。

8.4　渲染及后期处理

01 打开"渲染设置"面板，在"公用"选项卡中，展开"图像大小"卷展栏，将渲染图像的"预设"选择为HD_720，如图8-76所示。

02 在Arnold Renderer选项卡中，展开Sampling卷展栏，设置Camera（AA）的值为15，提高渲染图像的计算采样精度，如图8-77所示。

03 展开Filter卷展栏，设置图像渲染的抗锯齿Type（类型）选项为catrom，如图8-78所示。

04 设置完成后，渲染场景，渲染结果如图8-79所示。

05 在Arnold RenderView（Arnold渲染视口）中，单击右上角的齿轮形状按钮，打开Display选项卡，设置Gamm的值为0.8，提高图像的层次感；设置Exposure的值为1，提高图像的整体亮度，如图8-80所示。

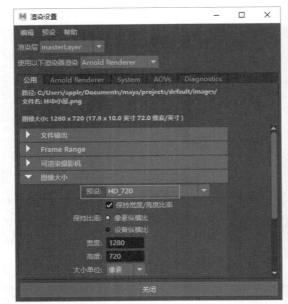

图8-76

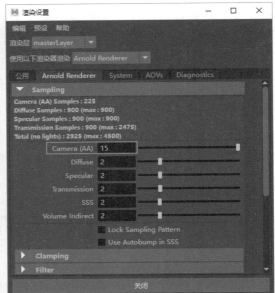

图8-77

图8-78

图8-79

图8-80

06 本实例的最终渲染结果如图8-81所示。

图8-81

9.1 场景简介

本项目案例为重庆市地标建筑——重庆市人民大礼堂。重庆市人民大礼堂于1951年动工建设，于1954年完成，1987年被评为新中国建立后排名第二的著名建筑物。其建筑沿用了明清两代的古建筑风格，采样中轴线对称式设计，远观宏伟大气、庄严华丽。本案例最终完成效果如图9-1所示，线框效果图如图9-2所示。

图9-1

图9-2

9.2 模型检查

在对模型进行材质制作之前，通常需要我们先检查一下场景模型是否有重面、破面及漏光现象，主要设置步骤如下。

01 启动Maya软件，打开本书配套场景文件"大礼堂.mb"，如图9-3所示。

图9-3

02 在"透视视图"中，选择场景中的所有模型，如图9-4所示。

03 右击，在弹出的快捷菜单中执行"指定新材质"命令，为场景模型添加aiStandardSurface材质，如图9-5所示。

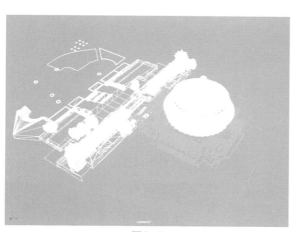

图9-4

图9-5

04 首先，我们将aiStandardSurface材质球的颜色设置为纯白色。在"属性编辑器"面板中，展开Base卷展栏，可以看到Color的颜色在默认状态下为白色，接下来，只需要将Weight的值由默认的0.8更改为1，就可以使得aiStandardSurface材质颜色的权重完全由Color属性来控制，如图9-6所示。

05 展开Specular卷展栏，设置Weight的值为0，取消材质的高光计算，如图9-7所示。

图9-6

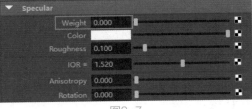

图9-7

06 设置完成后，在Arnold工具架上单击"渲染"图标▶，渲染场景，如图9-8所示。

图9-8

07 通过渲染结果可以查看场景中的模型是否正确，本实例的白模渲染结果如图9-9所示。

图9-9

9.3 制作模型材质

本实例中所涉及的主要材质主要有红色柱子材质、金顶围栏材质、玻璃材质、雀替彩绘材质、金属材质、琉璃瓦片材质和金色宝顶材质。

9.3.1 制作红色柱子材质

本实例中的红色柱子材质渲染结果如图9-10所示。

01 在场景中选择柱子模型并右击，在弹出的快捷菜单中执行"指定新材质"命令，在弹出的"指定新材质"对话框中选择aiStandardSurface材质，并重命名为zhuzi，如图9-11所示。

02 在"属性编辑器"面板中，展开Base卷展栏，设置材质的Color为红色，如图9-12所示。

图9-10

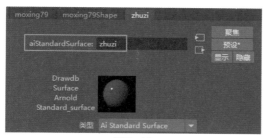

图9-11

图9-12

03 展开Specular卷展栏，设置Roughness的值为0.1，提高柱子材质的高光亮度，如图9-13所示。

04 制作完成后的红色柱子材质球显示结果如图9-14所示。

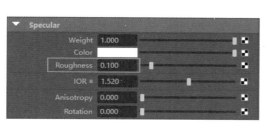

图9-13

图9-14

9.3.2　制作金顶围栏材质

本实例中的金顶围栏材质渲染结果如图9-15所示。

01 在场景中选择大礼堂金顶建筑部分上的围栏模型并右击，在弹出的快捷菜单中执行"指定新材质"命令，在弹出的"指定新材质"对话框中选择aiStandardSurface材质，并重命名为weilan，如图9-16所示。

图9-15

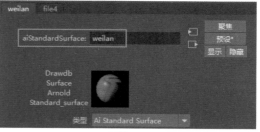

图9-16

02 在"属性编辑器"面板中，展开Base卷展栏，在Color的贴图通道上添加一个"文件"渲染节点，如图9-17所示。

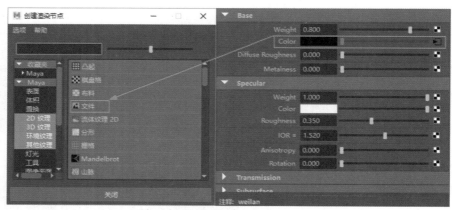

图9-17

03 在"文件属性"卷展栏中，单击"图像名称"后面的文件夹按钮，浏览并添加本书配套资源"图案-d.jpg"贴图文件，制作出围栏材质的表面纹理，如图9-18所示。

04 展开Specular卷展栏，设置Roughness的值为0.35，设置材质的镜面反射光泽度，制作材质的高光效果，如图9-19所示。

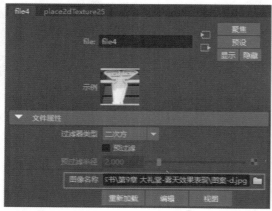

图9-18

图9-19

05 制作完成后的金顶围栏材质球显示结果如图9-20所示。

图9-20

9.3.3　制作玻璃材质

本实例中的玻璃材质渲染结果如图9-21所示。

01 在场景中选择玻璃模型并右击，在弹出的快捷菜单中执行"指定新材质"命令，在弹出的"指定新材质"对话框中选择aiStandardSurface材质，并重命名为boli，如图9-22所示。

图9-21

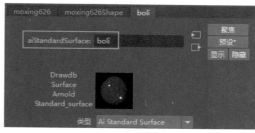

图9-22

02 展开Transmission卷展栏，设置玻璃材质的Weight值为0.864，提高材质的透明度，如图9-23所示。

03 展开Specular卷展栏，设置Roughness的值为0.1，设置材质的镜面反射光泽度，使得玻璃材质上的高光更亮一些，如图9-24所示。

图9-23

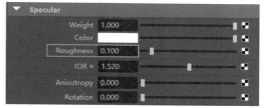

图9-24

04 展开Arnold卷展栏，取消选中Opaque选项，开启材质透明度计算，如图9-25所示。

05 制作完成后的玻璃材质球显示结果如图9-26所示。

图9-25

图9-26

9.3.4 制作雀替彩绘材质

本实例中的雀替彩绘材质渲染结果如图9-27所示。

01 在场景中选择大礼堂金顶建筑部分上的雀替建筑模型并右击，在弹出的快捷菜单中执行"指定新材质"命令，在弹出的"指定新材质"对话框中选择aiStandardSurface材质，并重命名为queti，如图9-28所示。

图9-27 　　　　　　　　　　　　　　图9-28

02 在"属性编辑器"面板中，展开Base卷展栏，在Color的贴图通道上添加一个"文件"渲染节点，如图9-29所示。

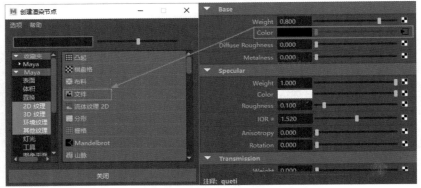

图9-29

03 在"文件属性"卷展栏中，单击"图像名称"后面的文件夹按钮，浏览并添加本书配套资源"图案-f.jpg"贴图文件，制作出围栏材质的表面纹理，如图9-30所示。

04 展开Specular卷展栏，设置Roughness的值为0.1，设置材质的镜面反射光泽度，如图9-31所示。

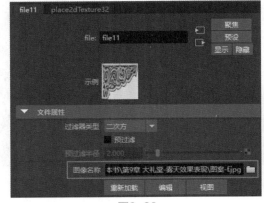

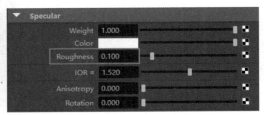

图9-30 　　　　　　　　　　　　　　图9-31

05 制作完成后的雀替彩绘材质球显示结果如图9-32所示。

图9-32

9.3.5　制作金属材质

本实例中的宫灯边框采用了金色的金属材质，渲染结果如图9-33所示。

01 在场景中选择大礼堂金顶建筑部分上的围栏模型并右击，在弹出的快捷菜单中执行"指定新材质"命令，在弹出的"指定新材质"对话框中选择aiStandardSurface材质，并重命名为weilan，如图9-34所示。

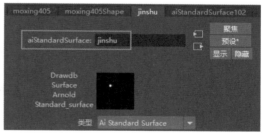

图9-33　　　　　　　　　　图9-34

02 在"属性编辑器"面板中，展开Base卷展栏，设置材质的Color为黄色，设置Metalness的值为1，增加材质的金属质感。展开Specular卷展栏，设置Roughness的值为0.1，如图9-35所示。

03 制作完成后的金属材质球显示结果如图9-36所示。

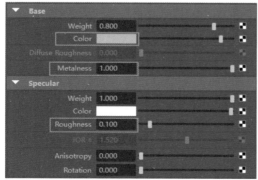

图9-35　　　　　　　　　　图9-36

9.3.6 制作琉璃瓦片材质

本实例中的琉璃瓦片材质渲染结果如图9-37所示。

01 在场景中选择场景中的瓦片模型并右击，在弹出的快捷菜单中执行"指定新材质"命令，在弹出的"指定新材质"对话框中选择aiStandardSurface材质，并重命名为wapian，如图9-38所示。

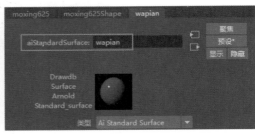

图9-37　　　　　　　　　　　　图9-38

02 在"属性编辑器"面板中，展开Base卷展栏，设置材质的Color为蓝色，如图9-39所示。

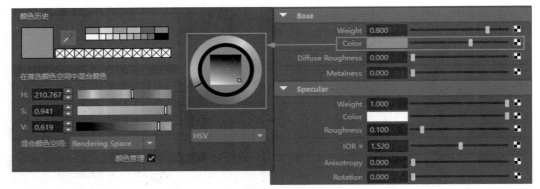

图9-39

03 展开Specular卷展栏，设置Roughness的值为0.1，提高柱子材质的高光亮度，如图9-40所示。

04 制作完成后的琉璃瓦片材质球显示结果如图9-41所示。

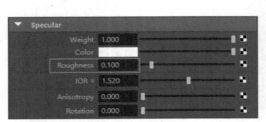

图9-40　　　　　　　　　　　　图9-41

9.3.7　制作金色宝顶材质

本实例中的金色宝顶材质渲染结果如图9-42所示。

01 在场景中选择宝顶模型并右击，在弹出的快捷菜单中执行"指定新材质"命令，在弹出的"指定新材质"对话框中选择aiStandardSurface材质，并重命名为baoding，如图9-43所示。

图9-42　　　　　　　　　　　　　图9-43

02 本实例中的金色宝顶材质具有一定的金属质感，所以在"属性编辑器"面板中，展开Base卷展栏，设置材质的Color为黄色，设置Metalness的值为1，增加材质的金属质感。展开Specular卷展栏，设置Roughness的值为0.312，如图9-44所示。

03 制作完成后的金色宝顶材质球显示结果如图9-45所示。

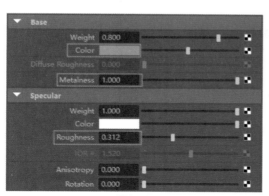

图9-44　　　　　　　　　　　　　图9-45

9.4　设置天光照明

9.4.1　制作天光照明效果

01 在Arnold工具架中单击Create Physical Sky按钮，如图9-46所示，在场景中创建一个Arnold渲染器为用户提供的物理天空灯光，如图9-47所示。

图9-46

02 灯光添加完成后，渲染场景，渲染结果如图9-48所示。

图9-47

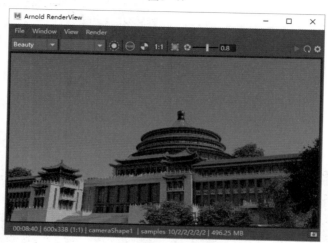

图9-48

03 由于本实例所要表现的天气效果为雾天，故画面中应取消阳光的照射效果。所以在"属性编辑器"面板中，展开Physical Sky Attributes（物理天空属性）卷展栏，设置Elevation的值为15，Azimuth的值为230，Intensity的值为9，并取消选中Enable Sun选项，如图9-49所示。

04 设置完成后，再次渲染场景，可以看到取消了阳光照明后的天光照明渲染结果如图9-50所示。

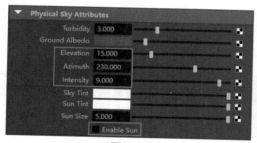

图9-49

图9-50

9.4.2　制作雾气效果

01 打开"渲染设置"面板，在Arnold Renderer选项卡中，展开Environment卷展栏，单击Atmosphere属性后面的贴图设置按钮，在弹出的菜单中执行Create aiFog命令，如图9-51所示。

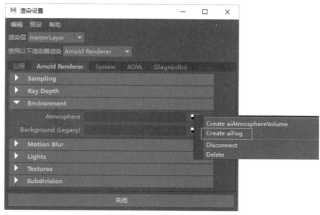

图9-51

02 设置完成后，Maya会自动为Atmosphere属性添加aiFog渲染节点，如图9-52所示。

03 同时，"属性编辑器"面板中会自动打开aiFog选项卡，展开Fog Attributes卷展栏，设置Distance的值为20，Height的值为200，Ground Normal的值设置为（-1,0,1），如图9-53所示。

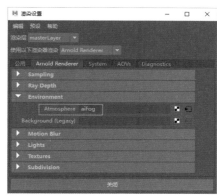

图9-52

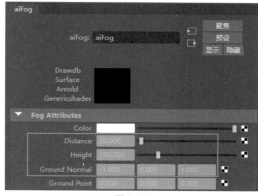

图9-53

04 设置完成后，渲染场景，雾气渲染结果如图9-54所示。

图9-54

技术专题——aiFog渲染节点命令解析

在Maya中制作雾气效果的方法有很多，使用aiFog渲染节点是较为方便的一种方式，其参数命令主要集中在Fog Attributes卷展栏中，如图9-55所示。

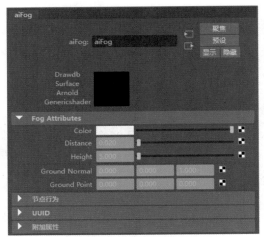

图9-55

命令解析

- Color：用于设置雾气的颜色，图9-56所示分别为Color调试成了不同颜色的渲染结果。

图9-56

- Distance：用于控制雾气的密度，值越小，雾气密度越低；值越大，雾气密度越高。图9-57所示是该值分别为0.01和0.3的场景渲染结果。

图9-57

- Height：用于设置雾气沿方向轴的指数衰退速率。
- Ground Normal：用于设置雾气的方向轴。
- Ground Point：用于设置方向轴上的起点位置。

9.5　渲染及后期处理

01 打开"渲染设置"面板，在"公用"选项卡中，展开"图像大小"卷展栏，将渲染图像的"预设"选择为HD_720，如图9-58所示。

02 在Arnold Renderer选项卡中，展开Sampling卷展栏，设置Camera（AA）的值为10，提高渲染图像的计算采样精度，如图9-59所示。

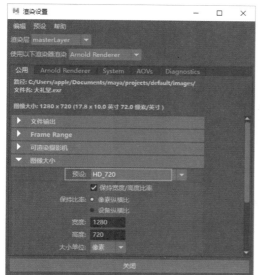

图9-58

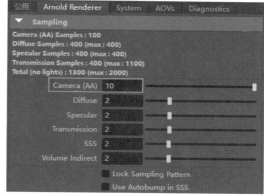

图9-59

03 设置完成后，渲染场景，渲染结果如图9-60所示。

图9-60

04 在Arnold RenderView（Arnold渲染视口）中，单击右上角的齿轮形状按钮，打开Display选项卡，设置Exposure的值为0.8，View Transform的值为2.2 gamma，适当提高渲染图像的亮度，如图9-61所示。

图9-61

05 本实例的最终渲染结果如图9-62所示。

图9-62

10.1　场景简介

　　扁平化设计是近几年较为流行的一种设计风格，抛弃了诸如纹理、渐变、阴影、高光等使画面看起来立体的元素，以一种简单、干净的表现方式将图形信息呈现给观众，并有效减少认知障碍的产生。本章通过创建一个卡通地球的动画场景，来为读者讲解MASH程序效果的使用方法以及扁平化风格材质的调试技巧，本实例场景的最终完成效果如图10-1所示。

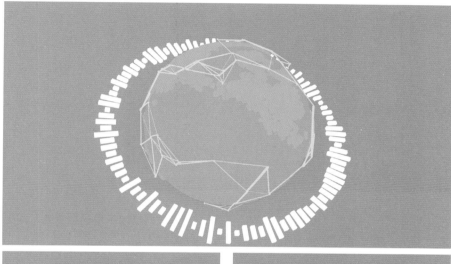

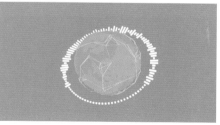

图10-1

10.2　使用MASH制作地球模型

10.2.1　创建MASH对象

01 打开Maya软件，由于在本实例中不需要我们使用鼠标绘制的方式来创建多边形几何体，所以在菜单栏先取消多边形基本体的交互式创建选项，如图10-2所示。

图10-2

02 将工具架切换至"多边形建模",单击"多边形立方体"按钮,可以看到场景中坐标原点处自动生成了一个小小的立方体模型,如图10-3所示。

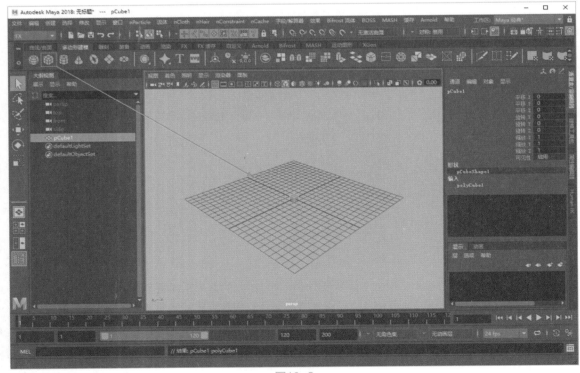

图10-3

03 单击"多边形球体"按钮,在场景中创建一个球体模型,如图10-4所示。由于球体模型的体积稍大一些，所以在视觉上会遮挡住刚刚创建的立方体模型。我们还可以通过Maya软件界面左侧停靠的"大纲视图"面板来观察场景中新创建出来的这两个模型。

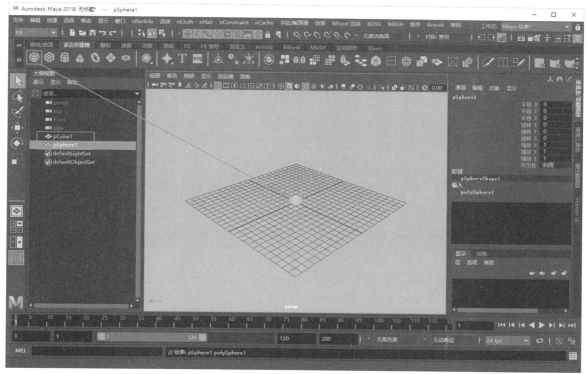

图10-4

04 将工具架切换至MASH，在"大纲视图"中选择立方体模型，单击菜单栏MASH|"创建MASH网格"命令后面的设置按钮，打开"MASH选项"对话框，如图10-5所示。

05 在"MASH选项"对话框中，将"几何体类型"设置为"实例化器"，设置完成后，单击"应用并关闭"按钮，关闭掉该对话框，如图10-6所示。

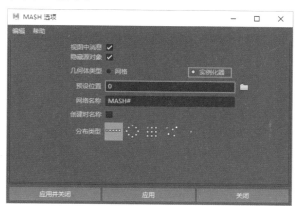

图10-5   图10-6

06 接下来，可以看到场景中以立方体为构成元素所创建出来的MASH网格模型，如图10-7所示。创建完成后，可以看到系统在默认情况下生成了一排立方体模型，同时，在"大纲视图"面板中可以看到立方体模型被隐藏了起来，同时，场景中新生了一个MASH1对象和一个MASH1_Instancer对象，如图10-8所示。

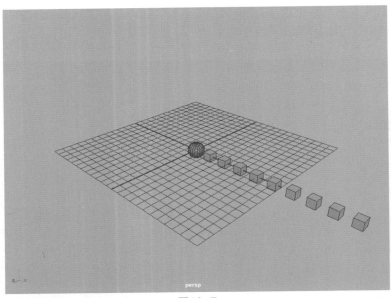

图10-7　　　　　　　　　　　　　　　　　图10-8

07 在"属性编辑器"面板中，找到MASH1_Distribute选项卡，将MASH网格模型的"分布类型"设置为"网格"，这时，可以在视图中看到系统自动弹出的"MASH：请连接一个网格"的提示，如图10-9所示。

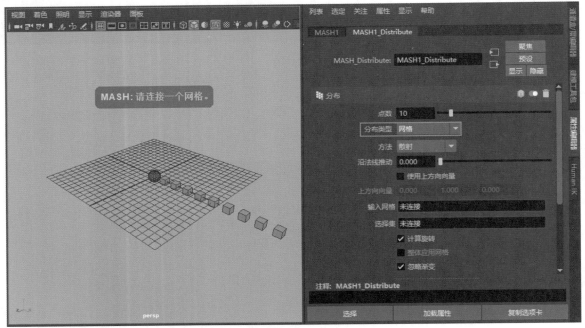

图10-9

08 在"大纲视图"面板中，在球体的名称上按下鼠标中键，将其以拖曳的方式拖至"输出网格"后面的文本框里，这样可以看到之前的MASH立方体网格全部被约束至场景中的多边形球体模型上，如图10-10所示。

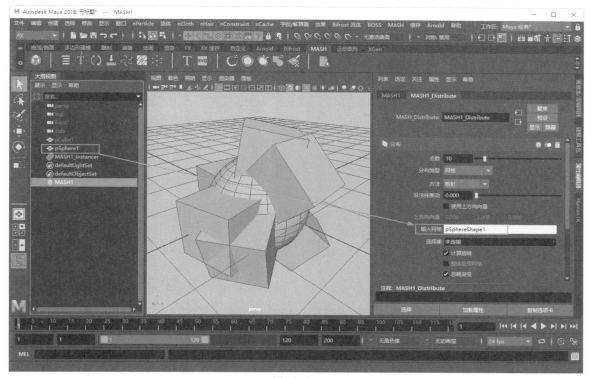

图10-10

09 将"方法"设置为"面中心",并且选中"整体应用网格"选项,可以看到MASH对象所生成的长方体会均匀分布于球体的每一个面的中心位置上,如图10-11所示。

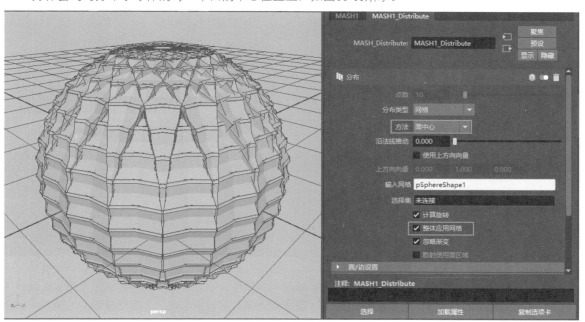

图10-11

10 展开"面/边设置"卷展栏,选中"启用缩放"选项,可以看到MASH对象所产生的立方体会随着球体模型的面的大小进行缩放,如图10-12所示。

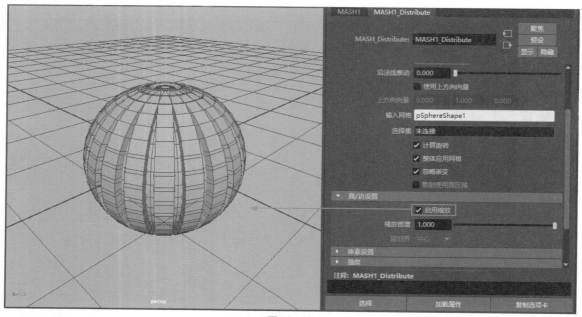

图10-12

11 在"分布"卷展栏中,设置"沿法线推动"的值为6,可以将MASH对象所生成的每一个立方体模型的位置沿着球体模型每一个面的法线方向进行推动,如图10-13所示。

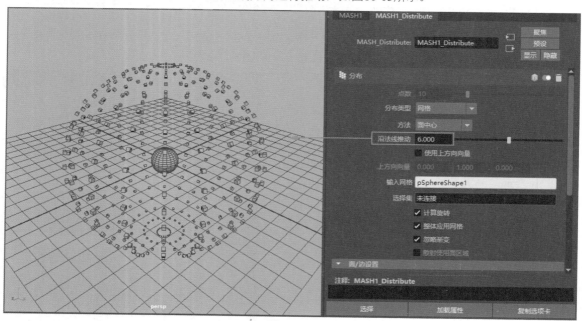

图10-13

12 选择场景中的球体模型,可以发现MASH对象显示为紫色,这说明MASH对象的形态目前受到该球体模型的影响。在"属性编辑器"面板中,设置其"轴向细分数"和"高度细分数"的值均为80,可以看到MASH对象的立方体数量明显增多了,同时,由于球体的面数增加会导致构成球体的面的面积减小,所以MASH对象的立方体体积也相应地缩小了一些,如图10-14所示。

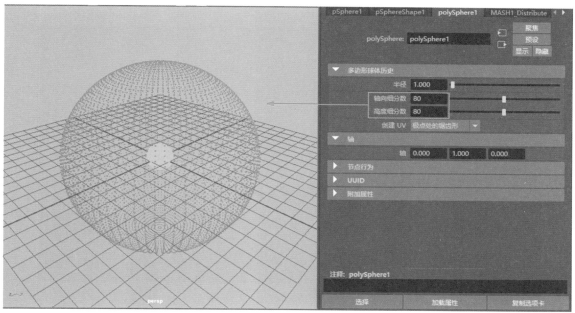

图10-14

10.2.2 通过添加节点调整MASH网格模型

01 在MASH1选项卡中，展开"添加节点"卷展栏，在Visibility节点图标上单击鼠标左键，在弹出的"添加可见性节点"命令上再次单击，为MASH网格对象添加用于设置MASH对象可见性属性的节点，如图10-15所示。

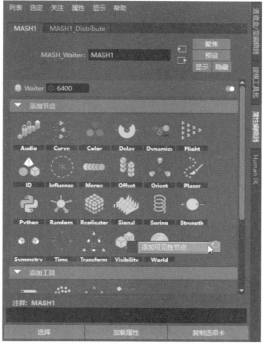

图10-15

02 在MASH1_Visibility选项卡中，为"强度贴图"添加一个"文件"渲染节点，如图10-16所示。

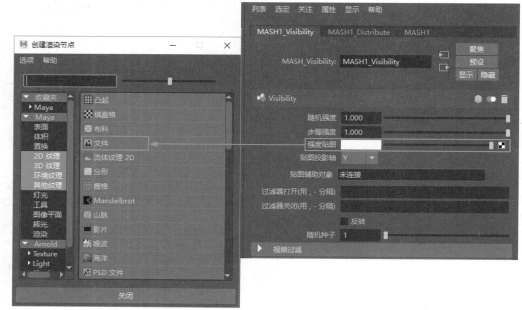

图10-16

03 单击"图像名称"后面的文件夹按钮，浏览一张"earth.jpg"贴图文件。这样就可以通过一张贴图来控制MASH对象的立方体生成范围，如图10-17所示。MASH对象的模型显示效果如图10-18所示。

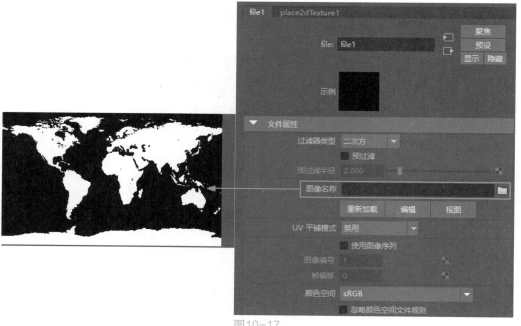

图10-17

04 回到MASH1_Visibility选项卡，按住鼠标中键，以拖曳的方式将"大纲视图"中的球体指定给MASH网格对象的"贴图辅助对象"属性上，如图10-19所示。设置完成后，视图上方会弹出连接成功的提示信息，同时，观察视图，可以看到MASH网格对象上所生成的立方体现在呈地球陆地的形态显示。

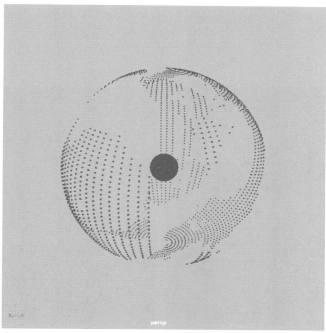

图10-18

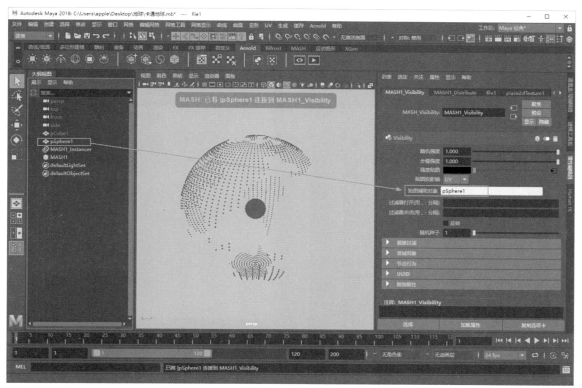

图10-19

05 选择球体模型，按下快捷键Ctrl+H，对其进行隐藏。以同样的方式再次为MASH网格对象添加一个随机节点，如图10-20所示。添加完成后，"属性编辑器"面板中会自动添加一个MASH1_Random选项卡。

06 在MASH1_Random选项卡中，将"位置X""位置Y"和"位置Z"的值都调为0，选中"均匀缩放"选项，设置"缩放X"的值为0.5，如图10-21所示。设置完成后，可以在视图中看到构成MASH网格的立方体被随机放大了一些，这样，一个以众多随机大小立方体所构成的地球陆地模型就制作完成了，如图10-22所示。

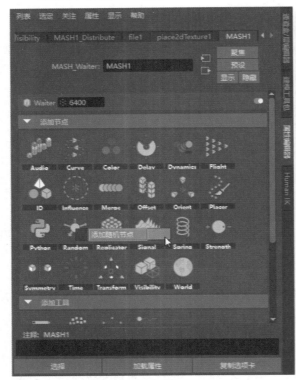

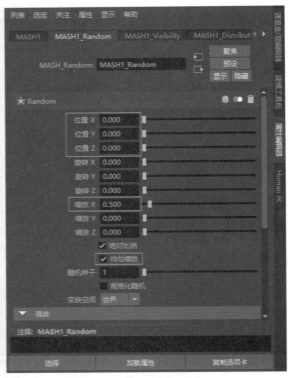

图10-20   图10-21

07 在场景中创建一个球体模型，并在"属性编辑器"面板中设置其"半径"的值为7，"轴向细分数"和"高度细分数"的值均为80，如图10-23所示。

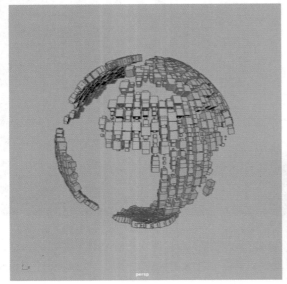

图10-22   图10-23

08 本小节的地球模型最终效果如图10-24所示。

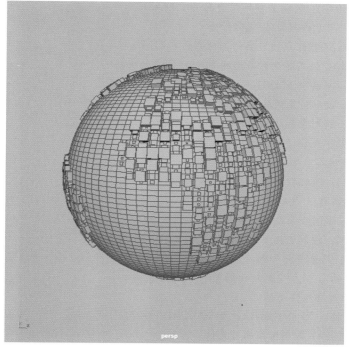

图10-24

技术专题——MASH节点命令解析

Maya为用户提供了可作用于MASH网格的多个节点命令来制作运动图形动画效果，如图10-25所示。

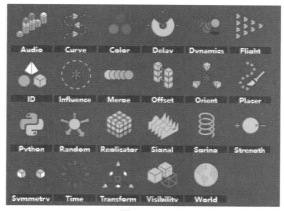

图10-25

命令解析

- Audio(音频)：通过音频文件来设置MASH网格的动画效果。
- Curve(曲线)：沿曲线设置对象的动画。
- Color(颜色)：在 MASH 网络中自定义网格的 CPV 数据。

- Delay(延迟)：在时间上偏移对象的现有动画。
- Dynamics(动力学)：将动力学作用力应用于MASH网格上。
- Flight(飞行)：用于模拟聚集/集群行为。
- ID：自定义为MASH点指定实例化对象的方式。
- Influence(影响)：使用导向对象影响MASH网络的变换。
- Merge(合并)：将两个MASH网络合并到一起。
- Offset(偏移)：偏移对象变换。
- Orient(方向)：将对象指向移动方向或另一个对象。
- Placer(放置器)：允许通过绘制来放置MASH点。
- Python：允许编写自定义Python脚本。
- Random(随机)：随机数生成器。
- Replicator(复制器)：复制MASH网络。
- Signal(信号)：将4D噪波或三角动画添加到网络。
- Strength(强度)：控制连接节点在网络上的效果程度。
- Spring(弹簧)：将弹簧添加到对象的动画。
- Symmetry(对称)：沿指定的轴反射整个MASH网络。
- Time(时间)：偏移组件动画。
- Transform(变换)：移动/旋转/缩放整个MASH网格对象。
- Visibility(可见性)：控制对象的可见性。
- World(世界)：在自然的非碰撞簇中围绕点排列对象。

10.3 使用MASH制作地球表面连线模型

01 在"多边形建模"工具架上单击"多边形立方体"按钮，在场景中创建一个立方体模型，并以其为基础来创建MASH网格，如图10-26所示。

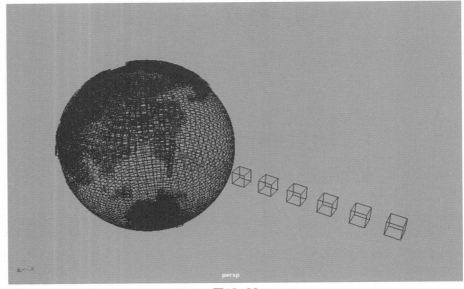

图10-26

02 在"属性编辑器"面板中，展开"分布"卷展栏，设置"分布类型"为"网格"，并按住鼠标中键，将"大纲视图"中我们创建的第一个球体模型名称以拖曳的方式连接至"输入网格"属性上，如图10-27所示。

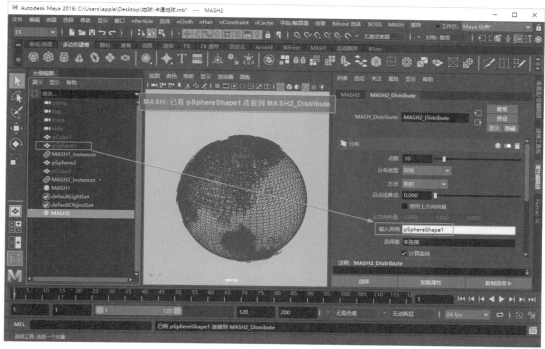

图10-27

03 设置"点数"的值为80，使用80个立方体来构成MASH2网格的基本结构。将"沿法线推动"的值设置为6.5，调整MASH2网格中每一个立方体的位置，这样我们可以看到新创建的MASH2网格紧紧附着于之前所创建的地球模型表面，如图10-28所示。

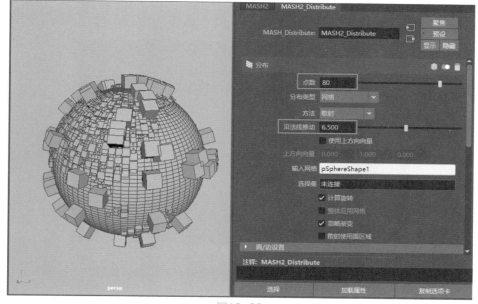

图10-28

04 在默认情况下，构成MASH2网格的立方体形态显得有些过大，在"大纲视图"中选择我创建的第二个立方体模型的名称pCube2，在"通道盒/层编辑器"面板中，设置其"宽度""高度"和"深度"的值均为0.1，设置完成后，可以看到构成MASH2网格的立方体大小也随之发生了变化，如图10-29所示。

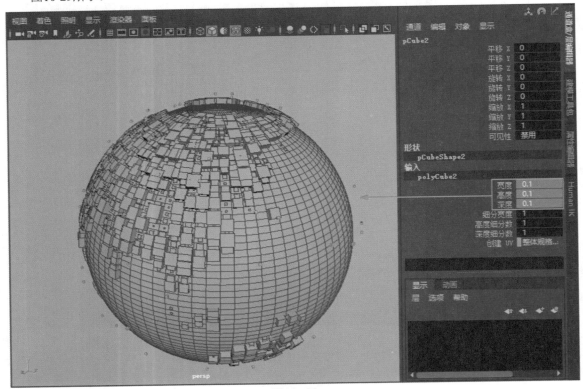

图10-29

05 在"大纲视图"中选择MASH2网格对象，在MASH2选项卡中，展开"添加工具"卷展栏，为其添加"轨迹"节点，如图10-30所示。

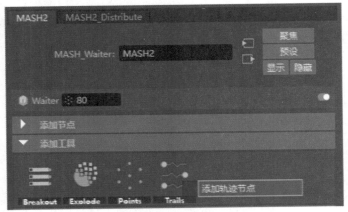

图10-30

06 在MASH2_Trails选项卡中，设置"轨迹模式"的选项为"连接到最近点"，"最大轨迹数"的值为300，"计数"的值为4，即可在视图中看到MASH2网格上所生成的连线模型，如图10-31所示。

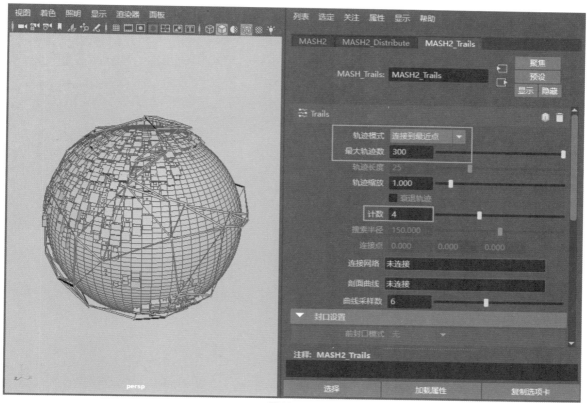

图10-31

07 本章节中地球表面连线的最终模型效果如图10-32所示。

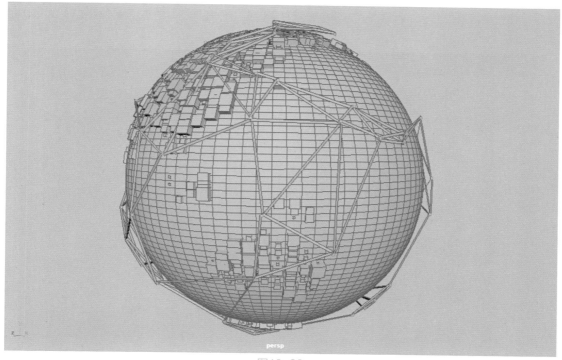

图10-32

10.4　使用MASH制作地球外光环模型

01 在"多边形建模"工具架上单击"多边形立方体"按钮，在场景中创建第三个立方体模型，并以其为基础来创建MASH网格，如图10-33所示。

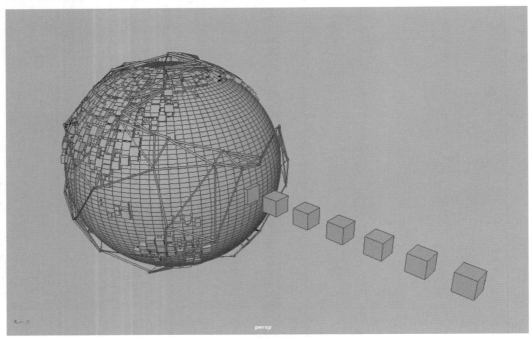

图10-33

02 在"属性编辑器"面板中，展开"分布"卷展栏，设置"分布类型"的选项为"径向"，如图10-34所示。

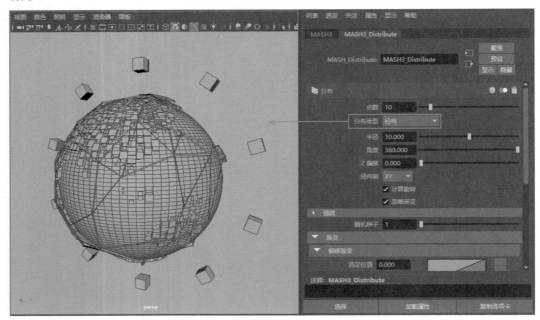

图10-34

03　在"大纲视图"中选择创建出来的第三个立方体pCube3，在"通道盒/层编辑器"面板中，设置其"宽度""高度"和"深度"的值均为0.3，设置完成后，可以看到构成MASH2网格的立方体大小也随之发生了变化，如图10-35所示。

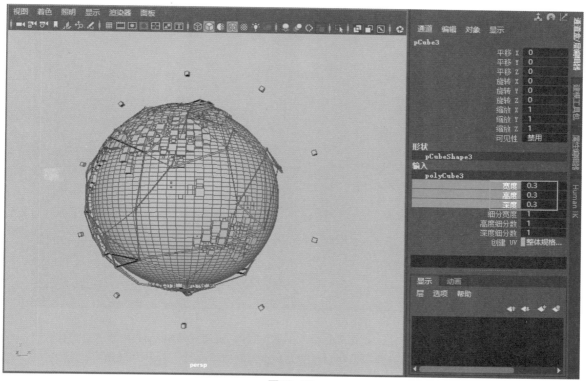

图10-35

04　在"大纲视图"中选择MASH3网格对象，在MASH3选项卡中，展开"添加节点"卷展栏，为其添加"随机"节点，如图10-36所示。

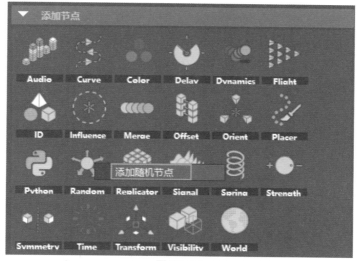

图10-36

05　在新增加的MASH3_Random选项卡中，设置"位置X""位置Y"和"位置Z"的值均为0，设置"缩放Y"的值为6，如图10-37所示。这样，可以看到构成MASH3网格的立方体沿着自身Y轴方向所发生的随机缩放效果。

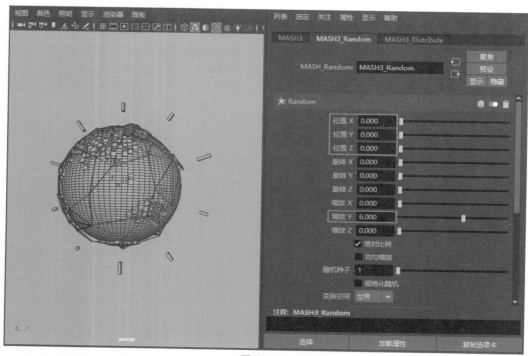

图10-37

06 在MASH3_Distribute选项卡中，设置"点数"的值为100，调整构成MASH3网格的立方体数量，即可看到一个由长短不一的长方体模型所组成的光环模型制作完成了，如图10-38所示。

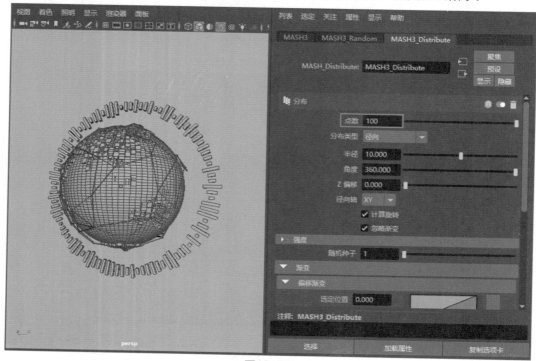

图10-38

07 回到MASH3选项卡，为MASH3网格添加"变换"节点，用来调整光环的旋转角度，如图10-39所示。

08 在MASH3_Transform选项卡中，在"控制器NULL"属性后面的文本框中用鼠标右击，会自动弹出一个快捷菜单，执行快捷菜单中的"创建"命令，如图10-40所示。创建完成后，在"大纲视图"中，可以看到系统会自动为MASH3网格添加定位器来控制其变换属性，如图10-41所示。

09 在"属性编辑器"面板中，调整定位器的"旋转X"的第一个值为75，如图10-42所示。

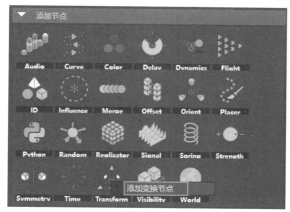

图10-39

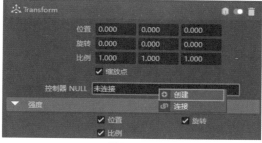

图10-40

图10-41

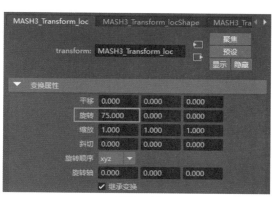

图10-42

10 设置完成后，即可在视图中看到一个角度有些倾斜的光环模型制作完成了，如图10-43所示。

11 执行菜单栏中的MASH|"MASH编辑器"命令，在弹出的"MASH编辑器"对话框中，可以观察到本实例中的MASH网格对象以及所连接的节点，如图10-44所示。

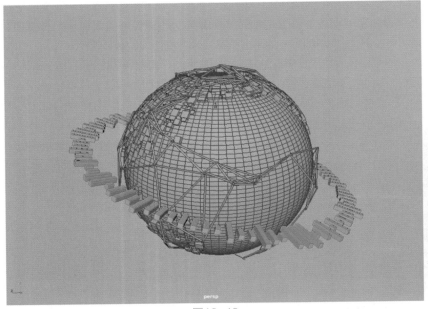

图10-43

图10-44

10.5　添加摄影机和场景背景

01 将工具架命令切换至"渲染"，并单击"创建摄影机"按钮，在场景中创建一个摄影机，如图10-45所示。

02 执行菜单栏中的"面板"|"透视"|camera1命令，切换至摄影机视图，如图10-46所示。

图10-45　创建摄影机

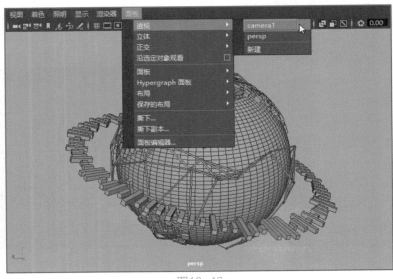

图10-46

03 调整摄影机视图的拍摄角度至图10-47所示后，选择摄影机，在"通道盒/层编辑器"面板中将摄影机的"平移""旋转"和"缩放"这3个属性的X、Y和Z轴均进行关键点设置，以保存我们选择好的拍摄角度及位置。

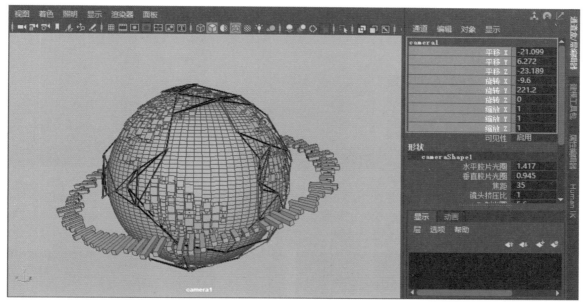

图10-47

04 在场景中创建一个平面，并在"属性编辑器"面板中设置"宽度"和"高度"的值均为100，用来制作画面的背景，如图10-48所示。

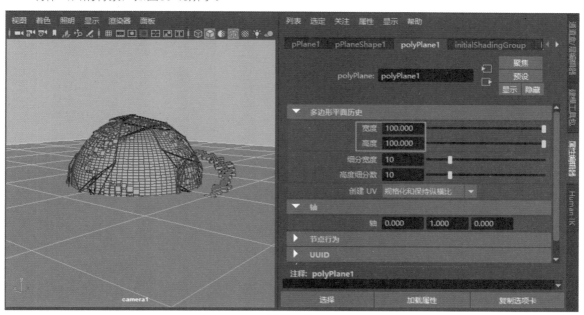

图10-48

05 在"大纲视图"中，先选择平面模型，再按住Ctrl键，加选摄影机，执行菜单栏中的"修改"|"匹配变换"|"匹配旋转"命令，将平面的旋转方向与摄影机的拍摄方向进行匹配，如图10-49所示。

06 设置完成后，平面的旋转方向如图10-50所示。

图10-49

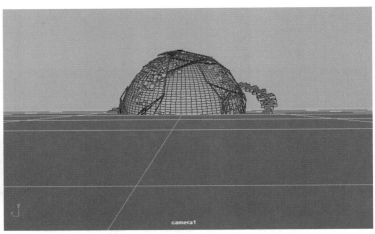

图10-50

07 通过视图观察，可以看到平面的方向并没有正对着摄影机的拍摄方向，所以需要对平面的角度进行更改。选择平面模型，在"属性编辑器"面板中，找到"旋转"属性，如图10-51所示。将"旋转"属性的X值设置为加上90之后的数值，如图10-52所示。

图10-51

图10-52

08 设置完成后，可以看到现在平面模型的旋转角度正好正对着摄影机的拍摄角度，如图10-53所示。

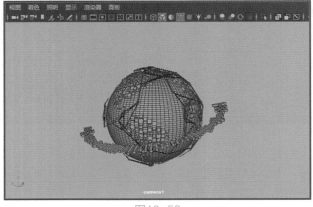

图10-53

09 在"属性编辑器"面板中,将"平移"的Z值设置为12,如图10-54所示。设置完成后,观察平面模型,可以看到现在平面模型的位置已经完全移动到了地球模型的后面,如图10-55所示。

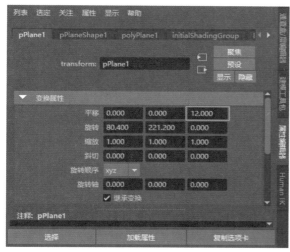

图10-54

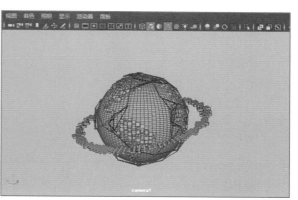

图10-55

10 在"大纲视图"中,按住鼠标中键,将平面模型以拖曳的方式拖动至摄影机名称上,设置为摄影机的子对象,如图10-56所示。

11 设置完成后,无论怎样选择摄影机的拍摄角度,背景平面的角度永远都是正对着屏幕的方向,如图10-57所示。

图10-56

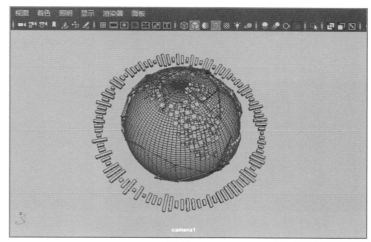

图10-57

10.6 材质制作

在本实例中,没有设置任何灯光,完全是通过使用材质设置来得到扁平化的渲染风格,具体设置步骤如下。

01 选择场景中的平面并右击,在弹出的快捷菜单中执行"指定新材质"命令,给平面模型指定一个aiStandardSurface(标准曲面)材质,如图10-58所示。

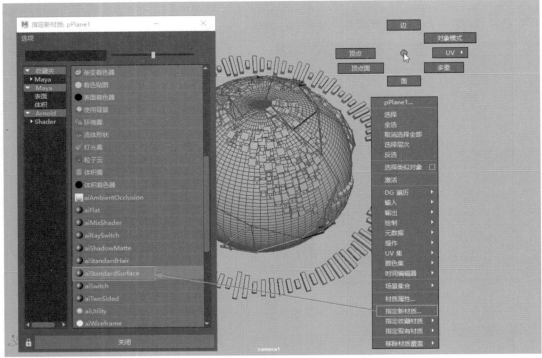

图10-58

02 在"属性编辑器"面板中，重命名材质的名称为beijingse，如图10-59所示。

03 展开Base卷展栏，设置Weight的值为0。展开Specular卷展栏，设置Weight的值为0，如图10-60所示。

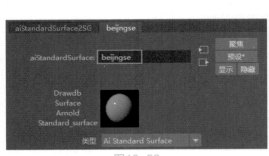

图10-59

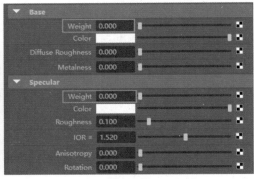

图10-60

04 展开Emission卷展栏，设置Weight的值为1，并调整Color的颜色为粉红色，如图10-61所示。

图10-61

05　设置完成后，渲染场景，渲染结果如图10-62所示。

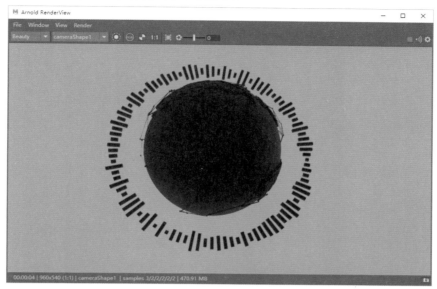

图10-62

06　以相同的方式对球体进行材质设置，设置其自发光的颜色为蓝色，如图10-63所示。

07　以相同的方式对陆地模型进行材质设置，设置其自发光的颜色为绿色，如图10-64所示。

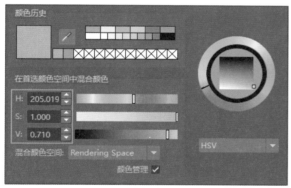

图10-63

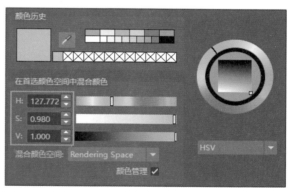

图10-64

08　以相同的方式对线模型进行材质设置，设置其自发光的颜色为黄色，如图10-65所示。

09　以相同的方式对光环进行材质设置，设置其自发光的颜色为白色，如图10-66所示。

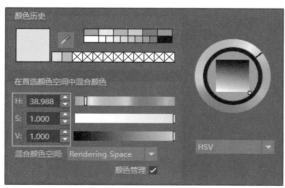

图10-65

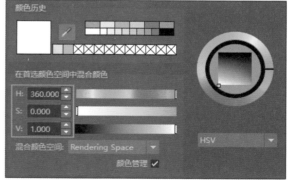

图10-66

10 材质设置完成后，渲染场景，最终渲染结果如图10-67所示。

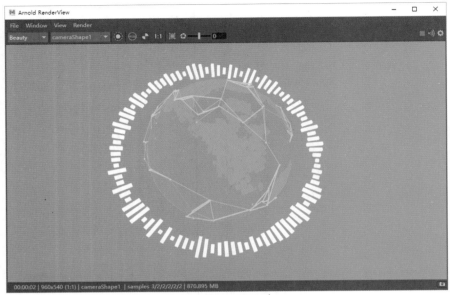

图10-67

10.7　渲染设置

01 打开"渲染设置"面板，在"公用"选项卡中，展开"图像大小"卷展栏，将渲染图像的"预设"选择为HD_720，如图10-68所示。

02 在Arnold Renderer选项卡中，展开Sampling卷展栏，设置Camera（AA）的值为5，提高渲染图像的计算采样精度，如图10-69所示。

图10-68

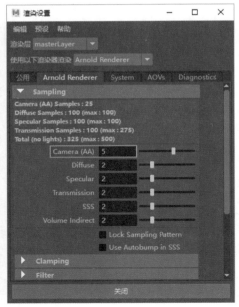

图10-69

03 设置完成后，渲染场景，渲染结果如图10-70所示。

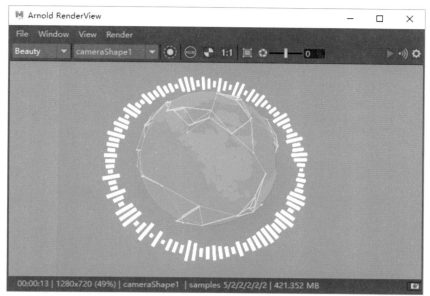

图10-70